Pentti Karjalainen

Puoli vuosisataa metallitutkimusta Oulun yliopistossa

Lyhyt historiikki

ISBN: 978-952-330-324-9

Sisällys

Lukijalle

Sattumalta kutakuinkin 50 vuotta tuli väliä sille, kun metalliopin opetus aloitettiin Oulun yliopistossa syksyllä 1962 ja allekirjoittanut jäi eläkkeelle metalliopin professorin tehtävästä vuoden 2012 lopussa. Kun eläkkeelle siirtymisen tuomasta alkumuutoksesta oli toivuttu, ajattelin muistella tätä Oulun yliopiston metallitutkimuksen ensimmäistä puolivuosisataista kautta. Näitä tapahtumia ei ole missään esitetty kootusti, ainakaan allekirjoittaneen näkökulmasta, ja pian näkemykset saattavat entisestään haalistua siitä, mitä ne tällä hetkellä ovat. Tosin aivan alkuvuosista en voi omakohtaisesti muistaakaan, kun en ollut vielä silloin paikalla. Toisaalta 50 vuoden jaksona voitaisiin pitää vaikkapa 1964–2014, jolloin olen ollut kuvioissa mukana lukuun ottamatta kolmea vuotta teollisuudessa vuosina 1974–77 sekä armeijan 11 kk palvelusta 1971–72.

Tähän lyhyeen Oulun yliopiston metallitutkimuksen historiikkiin olen pyrkinyt kokoamaan tapahtumia sekä niiden taustoja lähinnä aikaperspektiivissä esitettyinä pohjautuen omiin muistikuviin ja osin epämääräisiin päiväkirjamerkintöihin, sillä varsinaista arkisto- tai kirjallisuustutkimusta en ole pyrkinyt tekemään. Tästä johtuen aukkoja on hyvinkin saattanut jäädä. Pahoittelen niitä, sillä ketään henkilöä ei ole tarkoituksellisesti haluttu sivuuttaa. Toivon myös, ettei merkityksellisiä asiavirheitä ole, vaikka joskus lähdetiedoissa oli pieniä eroavaisuuksia. Tarkasteltavana ovat enemmänkin henkilöt ja tapahtumat, ei niinkään itse tehdyn metallitutkimuksen sisältö ja saavutukset tänä aikana. Kun olen tämän kirjoittaja, niin tekstissä esiintyy henkilönä korostetusti Pentti Karjalainen (PK), mistä pahoittelut.

Osa tästä historiikista löytyy Veikko Heikkisen mukailemana elokuussa 2015 ilmestyneessä teoksessa *"RAUTAA ja TERÄSTÄ 50 vuotta teräs-tutkimusta"*. Kuitenkin tähän sisältyy enemmän yksityiskohtia ja etenkin kuvia, joita em. teokseen ei mahtunut.

Tässä yhteydessä haluan myös kiittää kasvattajiani, professoreita Markku Mannerkoski ja Tapani Moisio, sekä kaikkia kollegoita, kumppaneita ja ystäviä tuesta, kannustuksesta ja mukanaolosta. Tämä 50 vuotta on ollut lyhyt, mutta mielenkiintoinen ajanjakso elettäväksi kanssanne metalliopin parissa.

Oulussa syyskuussa 2015

Pentti Karjalainen, emeritusprofessori

Lyhenteitä

Tekniikan ihmiset käyttävät mielellään kirjainyhdistelmiä lyhennyksinä. Niitä on seuraavassakin lukuisasti tavoitteena lyhentää toistuvasti esiintyviä pitkiä nimiä. Lyhenne, lukuun ottamatta eräitä tutkimuskeskusten nimiä, on pyritty määrittelemään ensi kertaa esiintyessään, mutta jos ei näin ole tai merkitys on päässyt unohtumaan lukiessa, voi sen tarkistaa ao. taulukosta.

ADMA	Advanced Materials tutkijakoulu
AWS	American Welding Society
CASR	Centre for Advanced Steels Research; Terästutkimuskeskus
CEIT	Centro de Estudios e Investigaciones Técnicas de Gipuzkoa
CSM	Centro Sviluppo Materiali
DI	Diplomi-insinööri
ECSC	European Coal and Steel Committee
FiDiPro	Finland Distinguished Professor
FIMECC	Finnish Metal and Engineering Competence Cluster
HIT	Harbin University of Technology
KTH	Kunglika Tekniska högsolan
KTM	Kauppa- ja teollisuusministeriö
Mefos	Swerea MEFOS Ab
OPM	Opetusministeriö
OY	Oulun yliopisto
PK	Pentti Karjalainen
PohTO	Pohjois-Suomen teollisuusopisto
PSOAS	Pohjois-Suomen opiskelija-asuntosäätiö
RFCS	Research Fund for Coal and Steel
SHOK	Strategisen huippuosaamisen keskus
Tekes	Teknologian kehittämiskeskus
TKK	Teknillinen korkeakoulu
TkL	Tekniikan lisensiaatti
TkT	Tekniikan tohtori
TN	Tennessee
TTKK/TTY	Tampereen teknillinen korkeakoulu/yliopisto
UniOGS	University of Oulu Graduate School
USTB	University of Science and Technology Beijing
VTT	Teknologian tutkimuskeskus VTT Oy

Metalliopin opetusvirkojen hoitajia 50 vuoden ajalla

Hiukan yli 50 vuotta sitten, syyskuun alussa vuonna 1964 saapui nuori ylioppilas Vaalasta junalla Oulun rautatieasemalle aloittaakseen teknillisen fysiikan ja metalliopin opinnot Oulun yliopiston (OY) teollisuusinsinööriosaston teknillisen fysiikan ja metalliopin opinto-suunnalla. Opintojen valinta ei ollut suinkaan suunnitelmallisesti tehty, mutta kun hyvällä ylioppilastutkintotodistuksella pääsi sisään ilman pääsykokeita ja Teknillisen korkeakoulun (TKK) teknillinen fysiikka oli kuuluisa opiskeluala, niin Ouluun tultiin ikään kuin vastaavaan. Myös OY oli tuolloin vielä nuori, sehän oli perustettu heinäkuussa 1958 ja aloittanut ensimmäisen lukuvuotensa syksyllä 1959 filosofisen, teknillisen ja lääketieteellisen tiedekunnan puitteissa. Tällöin teknillisessä tiede-kunnassa oli vain kolme professuuria, arkkitehtuuri, statiikka ja sillanrakennus sekä teknillinen fysiikka (perustettu 26.6.1959).

Vaikka vähän asian sivusta, voidaan ehkä pohtia, miksi Oulun yliopistoon oli heti sen alussa perustettu teknilliseen tiedekuntaan arkkitehti- ja rakennusinsinööriosastojen ohella teollisuusinsinööriosasto ja eritoten siinä tuo teknillinen fysiikka, mikä oli sen ainoa laitos vuoden 1961 syksyyn saakka. Yliopiston tehtäväksi oli luonnollisesti määritelty, että sen tuli edistää Pohjois-Suomen kehittymistä, niin taloutta kuin myös sivistystä. Pohjois-Suomen korkeakoulun järjestymistä pohtivan TKK:n maatalouden vesirakennuksen professori Pentti Kaiteran johtama komitea oli saanut Oulunlaakson diplomi-insinöörit ry:ltä kirjelmän, jossa kiinnitettiin huomiota erityisesti Pohjois-Suomen kehittyvän prosessi-teollisuuden insinööritarpeisiin. Teollisuuden prosessi-insinöörejä tarvittiin puunjalostuksen ja kemian alueilla, sillä esim. yritykset Oulu Oy ja Typpi Oy olivat toiminnassa. Kuitenkin tuolloin katsottiin, että Suomen elinkeinoelämän kehittäminen edellytti voimakasta teollistamista, ja erityisesti metalliteollisuuden tarjoamat lisämahdollisuudet näyttivät lupaavilta. Näin teknillinen tiedekunta ja sen teollisuusinsinööriosasto perustettiin. Vastaus kysymykseen teknillisen fysiikan laitoksen syntymisestä löytyy varmaan ensinnäkin siitä, että perustamisessa tukeuduttiin paljolti TKK:n teknillisen fysiikan professori Erkki Laurilan lausuntoon, ja että hänen aisaparinsa TKK:ssa Pekka Jauho oli Kaiteran komitean jäsen ja sihteeri sekä OY:n väliaikaisen konsistorin jäsen. Ja teknillisellä fysiikalla ei ollut tuolloin - eikä vieläkään - mitään yksiselitteistä määritelmää. Lisäksi TKK:n teknillisen fysiikan laboratorion

9

*teollisuusyhteistyö oli osoittautunut tulokselliseksi prosessiteollisuudenkin
alalla, mikä korosti tämän joustavan alan mahdollisuuksia.*

Metalliteollisuuden kasvumahdollisuudet olivat 1960-luvun alussa
yleisenä puheenaiheena. Metalliopin toisen professuurin perustamista
Suomeen voidaan pitää erityisesti TKK:n professori **Heikki Miekk-ojan**
aktiivisuuden ansiona. Miekkoja oli vajaassa vuosikymmenessä kasvat-
tanut oman koulukuntansa TKK:ssa ja näki *"Suomen metalliteollisuuden
nousevana uudismaana"* ja *"hänen suuri ajatuksensa oli ruostumaton
teräs"*. (Eila Jokela, Tuntematon kuuluisuus, Suomen Kuvalehti, nro 20,
1963, s. 35). Niinpä OY:n teollisuusinsinööriosaston teknillisen fysiikan
laitoksella aloitettiin metalliopin opetus syksyllä 1962 ja metalliopin
professuuri perustettiin 1.8.1963 alkaen. Jo ennen tätä metalliopin
opetuksen pani käyntiin syksyllä 1962 erikoisopettajana dosentti **Martti
Sulonen** TKK:sta, josta tuli seuraavana vuonna sovelletun metalliopin
professori siellä. Keväällä 1963 saatiin harjoitustyöt liikkeelle. Elokuun
alussa 1963 metalliopin professuuria tuli hoitamaan sen neljästä hakijasta
26-vuotias TkL **Markku Mannerkoski**, joka sai nimityksen virkaan pari
vuotta myöhemmin. Mannerkoski oli Heikki Miekk-ojan lahjakas oppilas
Otaniemestä ja väitteli vuonna 1964. Nuoresta iästään huolimatta hän oli
työskennellyt jo ennen Oulun yliopistolle tuloaan nelisen vuotta Oy Airam
Ab:llä ja Oy Fiskars Ab:llä, aluksi myös Miekk-ojan assistenttina.

*Professorit Martti Sulonen (osa Pauli Pyykölän 1990 maalaamasta
muotokuvasta) sekä Markku Mannerkoski rehtorin asussa (oikealla).*

Tuo Ouluun opiskelemaan saapunut 18-vuotias ylioppilas oli **Leo Pentti Karjalainen** (PK), joka aloitti aluksi lähinnä matematiikan, fysiikan ja kemian perusopinnot. Pikkudiplomin suorittamisen jälkeen tuli valita pääaine teknillinen fysiikka tai metallioppi, ja paljolti sattumalta valinta osui jälkimmäiseen, vaikka monet kurssikaverit ottivat teknillisen fysiikan, jota tuolloin opetti professori **Eero Suoninen**. Täten PK tapasi metalliopin opettajansa Mannerkosken kolmannen vuosikurssin aikana kevätlukukaudella 1967. Mannerkoski piti viimeiset metalliopin luentonsa lukuvuonna 1967–68 siirtyessään 1.7.1968 31 vuoden ikäisenä OY:n rehtoriksi. Tässä tehtävässä hän toimi aina vuoden 1987 maaliskuun loppuun, jolloin hänestä tuli VTT:n pääjohtaja. Mannerkoski otti kyllä vastaan jatko-opintojen kuulusteluja ja toimi kustoksena myös rehtorikautenaan. Tuolloin jatko-opintoihin luettiin kirjoista yli 3000 sivua teoriaa, kuten J.W. Christianin *The Theory of Phase Transformations in Metals and Alloys*, sekä kaksiosainen R.W. Cahn ja P. Haasen, *Physical Metallurgy*. Mannerkoski piti suullisia tenttejä, joissa hän selasi tentittävää kirjaa ja kyseli sieltä. Noissa keskusteluissa avautuivat monet metalliopin vaikeatkin kysymykset.

"Suotuisten korkeakoulu- ja aluepoliittisten suhdanteiden ohella yliopiston kasvun tärkeä takaaja oli pitkäaikainen rehtori Markku Mannerkoski. Hän edisti johdonmukaisesti Oulun yliopiston kehitystä kansallisen eturivin tiedeyliopistoksi" (Aktuumi No 2, 2008).

Markku Mannerkoski, PK ja Oulu Ensin Universtas-muistolahja "Loitto" lähtiäiskahvitilaisuudessa materiaalitekniikan laboratoriossa 24.03.1987. Paikalla myös mm. laboratorioinsinööri Tuure Miettinen, apulaisprofessori Risto Rautioaho ja lujuusopin professori Mauri Määttänen.

11

Jo ennen professuurin perustamista helmikuun alusta 1963 metalliopissa oli assistentuuri, jossa toimi DI ja sittemmin tekniikan lisensiaatti ja tohtori **Tapani Moisio** (DI 1961 TKK, TkL 1966 OY, TkT 1975 OY). Moisio oli alun perin TKK:n kasvatti ja Martti Sulosen oppilaita. Hän oli erinomainen järjestelijä (Moisio mm. junaili Linnanmaalle konetekniikan osaston kaksi saunaa lämpökäsittelytiloina) ja suhdetoimintamies, ei niinkään yksin puurtava tutkija tahi tiedemies. Vuoden 1977 syyskuun alusta perustettiin metalliopin apulaisprofessuuri, jota Tapani Moisio, Erkki Räsänen (Rautaruukilta) sekä PK (tuolloin Nokia Kaapelilta) hakivat. Yliassistentti TkT Moisio ansiokkaimpana nimitettiin apulaisprofessorin virkaan v. 1978, mutta käytännössä hän toimi Mannerkosken viransijaisena, kunnes siirtyi metalliteknologian professoriksi Lappeenrannan teknilliseen korkeakouluun vuoden 1981 alusta. Tosin läksiäistilaisuus pidettiin vasta kesäkuussa. Tällöin apulaisprofessuuria sen perustamisesta saakka viransijaisena hoitanut PK (DI 1969 OY, TkL 1971 OY, TkT 1974 OY; metalliopin dosentti 05.1979) sai Mannerkosken professuurin viransijaisuuden, mitä jatkui siis vuoden 1987 maaliskuun loppuun.

Osastonjohtaja, koneensuunnittelun professori Uolevi Konttinen onnittelee Tapani Moisiota hänen nimityksestään metalliopin apulaisprofessoriksi v. 1978.

PK nimitettiin Moision jälkeen avoimeksi tulleeseen apulaisprofessuuriin 1.12.1981, mutta käytännössä hän ei koskaan hoitanut tätä virkaa. PK oli hetken virkaa tekevä professori, kunnes hänet nimitettiin metalliopin professoriksi viranalana fysikaalinen metallurgia, erityisesti sen terästen valmistukseen ja käyttöön liittyvät sovellutukset, heinäkuun alusta 1988.

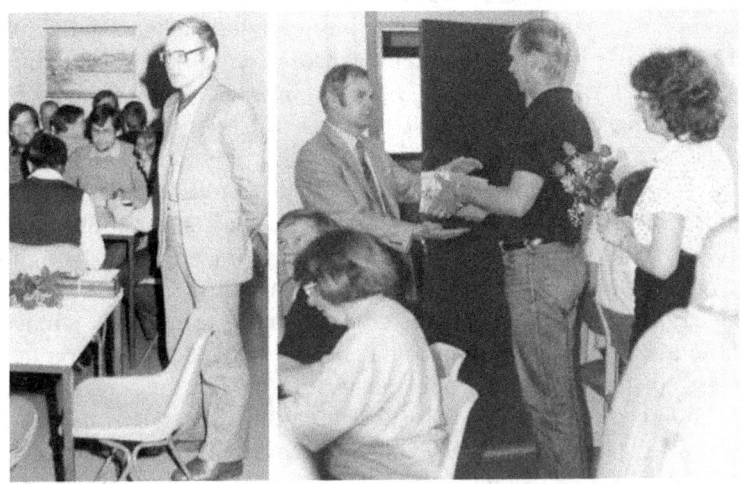

PK puhuu vuonna 1981 apulaisprofessorinimityksensä juhlakahveilla (vasen). Juhani Pylkkänen onnittelee professorinimityksestä v. 1988. Osastosihteeri Arja Korhonen odottaa vuoroaan. Paikalla ovat myös kirjastonhoitaja Sylvi Oraviita etualalla ja laborantti Sisko Paananen hänen takanaan (oikea).

Pitkään jo professorina toiminut **Pentti Kettunen** Tampereen teknillisestä korkeakoulusta (TTKK) oli myös yksi metalliopin professorin viran hakija ja hänet asiantuntijat asettivat luonnollisesti ensimmäiselle ehdokassijalle. Kettusella oli Kuusamossa kesämökki ja metsää, ja hän totesi Oulusta olevan sinne lyhyempi matka kuin Tampereelta, ja siksikin Oulun virka kiinnosti. Kettunen peruutti kuitenkin hakemuksensa, kun hän katsoi, että materiaalitekniikan laboratorio oli kovin puutteellisesti varustettu tutkimuslaitteiden osalta ja ettei professuurilla oleva rahoitus riitä esimerkiksi kunnon väsytyslaitteiston hankkimiseen koko hänellä jäljellä olevina työvuosina, eikä yliopisto luvannut parannusta rahoitus-tilanteeseen.

Metalliopin professorin tehtävässä PK toimi vuoden 2012 loppuun saakka; pari viimeistä vuotta eräänlaisena tutkimusprofessorina vapaana opetustehtävistä yhdessä uudeksi professoriksi nimitetyn **David Porterin** kanssa. Tällöin hän jäi eläkkeelle, kuten osastonjohtajan kanssa oli

13

aikaisemmin sovittu, mutta jatkaen emeritusprofessorina virallisella sopimuksella toistaiseksi. Uransa aikana PK toimi myös metalliopin laboratorion esimiehenä 1.1.1981–31.12.1984 ja yksikön nimen vaihdon jälkeen materiaalitekniikan laboratorion esimiehenä 1.1.1985–31.12.2010. Hän oli myös konetekniikan osaston johtaja vajaan kuuden vuoden ajan 1.1.1988–31.07.1993 sekä mm. EU:n Hiili- ja teräsyhteisön ECSC Executive committee F3 (Alloy and Special Steels) jäsen 1995–2003.

Metalliopin eli fysikaalisen metallurgian professorin ja materiaalitekniikan laboratorion esimiehen tehtävät siirtyivät vuoden 2011 alusta virkaan valitulle David Porterille (PhD 1975 Cambridge University, Englanti), joka oli työskennellyt Luulajan teknillisessä korkeakoulussa Ruotsissa vuosina 1975–81 professori Kenneth Easterlingin kanssa, sitten eri tehtävissä teollisuudessa Årdal og Sunndal Verk'issä 1981–84 ja Rautaruukilla Raahessa (nykyinen SSAB Europe) elokuusta 1984 lähtien ja käyden välillä komennuksella Ruotsissa Fundia Special Bar Smedjebackenissa 2002–04. Näin Porterilla on rautainen kokemus sekä yliopistomaailman että teollisuuden terästutkimuksesta ja hän myös tunsi pitkältä ajalta Rautaruukin ja OY:n materiaalitekniikan yhteiset hankkeet. Kun hän on lisäksi lahjakas, pedantti ja uuttera, niin terästutkimuksen jatkuminen ja kehittyminen on turvattu eteenpäin OY:ssa. Hyvänä esimerkkinä tästä ulkopuolinen rahoitus kasvoi vuonna 2014 noin 2,6 miljoonaan euroon aikaisemmasta reilun miljoonan euron tasosta. Valitettavasti Porter on suunnitellut jäävänsä eläkkeelle jo syksyllä 2016.

Uusi professori David Porter jatkoi virkeänä ja uutterana materiaalitekniikan opetusta ja metallitutkimusta vuoden 2011 alusta.

Välivuosien tapahtumista voidaan muistella, että Moision siirtyessä Lappeenrantaan ja PK:n hoitaessa Mannerkosken viransijaisuutta, TkT **Tuomo Tiainen** TTKK:sta – ensin apulaisprofessori ja myöhemmin professori Pentti Kettusen viran jatkaja siellä – toimi viransijaisena metalliopin apulaisprofessuurissa puolentoista vuoden ajan (1.1981–

8.1982). Aluksi Mannerkoski halusi, että Tiainen muuttaa Ouluun, mutta lopulta luopui tästä vaatimuksesta, ja käytännössä Tiainen kävi viikoittain kahtena päivänä Oulussa pitämässä virkaan kuuluvat luennot. Hän yöpyi usein PK:n perheen luona Rajakylässä, missä hän kellarikerroksessa yön pitkinä tunteina saattoi muiden häiritsemättä antaa kynänsä sauhuta ja kirjoitti useat opetusmonisteet puhtaaksi. Siihen aikaan ei ollut vielä suoraa tietä Rajakylästä Linnanmaalle, joten Tiainen ja PK kulkivat aamuisin ja iltaisin kapeaa polkua metsän läpi, missä pitkähkön suo-osuuden poikki johtivat oikeat vanhat pitkospuut. Myöhemmin tälle alueelle on syntynyt laaja Oulun Teknologiakylä. Luentojen pidon ohella Tiainen pani pystyyn myös Suomen Akatemian rahoittaman tutkimusprojektin, mikä liittyi terästen kitkahitsaukseen ja näiden liitosten väsymiskestävyyteen. Kokeet toteutettiin konetekniikan osastolla suunnitellulla ja rakennetulla kitkahitsauskoneella vastavalmistuneen DI Simo Känsäkosken toimiessa tutkijana. Känsäkoski on nykyisin Moventas Gears Oy:n päämetallurgi Jyväskylässä.

*Tuomo Tiainen TTKK:sta
toimi apulaisprofessorin
viransijaisena 1981–82.*

Myöhemmin metalliopin apulaisprofessuurin, joka muutettiin professuuriksi kuten kaikki apulaisprofessuurit Suomessa vuonna 1998, viransijaisuutta hoiti yliassistentti TkT **Risto Rautioaho**. Hän oli samaa opiskelijavuosikertaa kuin PK, mutta professoreiden Eero Suonisen ja Eliel Lähteenkorvan kasvatti teknillisestä fysiikasta. Rautioaho sai nimityksen professorin virkaan vuonna 1990, mutta jäi jo nuorena eläkkeelle vuonna 2004. Tällöin tätä virkaa ei enää säästösyistä täytetty, vaan yliassistentti ja metalliopin dosentti **Jouko Leinonen** sai ottaa suurimman osan luentokursseista hoitoonsa, joskin esim. mikroelektroniikan keraamiopetus lopetettiin tässä vaiheessa. Leinonen oli myös OY:n kasvatti ja PK:n ensimmäinen tohtori (väitös 30.6.1987). Leinonen on edelleen materiaalitekniikan laboratorion henkilökuntaa yliopistonopettajan nimikkeellä. Opetustyön ohessa hänen oma tutkimuksensa on liittynyt hitsaukseen

15

sekä ultrahienorakeisten terästen kehittämiseen. Kaksi muuta yliopiston-opettajaa ovat DI **Jussi Paavola**, TKK:n kasvatti, joka tuli alun perin professori **Pekka Mäntylän** assistentiksi, sekä TkT **Olli Nousiainen**, joka oli aikaisemmin Rautioahon assistentti ja teki tutkimuksensa mikroelektro-niikan materiaaleista.

Risto Rautioaho kylässä (vasen). Olisiko Riston läksiäiset v. 2004, ainakin häntä hymyilyttää PK:n puhuessa. Konediagnostiikan professori Sulo Lahdelma oikealla.

Jouko Leinonen 50 vuotis-tilaisuudessaan PK:n sanoista ilahtuneena. Takana hymyilevät Tuula Vikeväinen ja Sisko Paananen.

Pitempiaikaisista metalliopin laboratorion assistenteista ja jatko-opiskelijoista voidaan erikseen tuoda esiin pari. **Niilo Suutala** toimi metalliopin assistenttina vuosina 1974–77, Outokumpu Oy:n Säätiön rahoittamana tutkijana 1977–79 ja Suomen Akatemian tutkimusassis-tenttina 1979–81 ennen siirtymistään terästeollisuuteen Outokummulle Tornioon 1982. Hän toimi Outokumpu Oyj:ssä useissa erittäin merkittävissä johtotehtävissä jääden eläkkeelle kesäkuun lopussa v. 2015. **Veli Kujanpää** hoiti metalliopin assistentin virkaa vuosina 1976–80, Suomen Akatemian tutkimusassistentin tointa 1982–83, yliassistentin virkaa 1983–84, työskenteli Suomen Akatemian nuorempana tutkijana

16

Oak Ridge National Laboratory'ssä USA:ssa 1.7.1984–30.06.1985 ja vielä materiaalitekniikan laboratorion yliassistenttina vuoden 1985 loppuun saakka ennen siirtymistään Lappeenrannan teknilliseen korkeakouluun professori Tapani Moision ryhmään. Myöhemmin Veli Kujanpäästä tuli Lappeenrannan teknillisen korkeakoulun ja VTT:n yhteinen professori erityisalueenaan laserteknologia erityisesti hitsausta silmälläpitäen.

Yhteydet terästeollisuuteen olivat jo 1960-luvun lopulla tiiviit ja konkreettiset. Mannerkoski oli Rautaruukin tutkimuslaitoksen neuvottelukunnassa sen alusta eli vuodesta 1967 lähtien ja puheenjohtajana vuodet 1985–99 ja siten hänellä oli tieto ajankohtaisista suunnitelmista siellä. Myös PK oli tämän neuvottelukunnan jäsen pitkään, eli vuodet 1996–2012. Niinpä *"Oulun yliopistoon perustetut teknologia-alat edistivät odotetusti pohjoisen savupiipputeollisuuden kehitystä"*, kuten todetaan eräässä yliopiston vaiheita kuvaavassa kirjoituksessa *(Aktuumi No 2, 2008)*.

Myös erikoisopettajia käytettiin jo alkuaikoina. Rautaruukin tutkimusosaston päällikkö TkT **Aulis Saarinen** oli Oulun yliopiston metalliopin dosentti ja erikoisopettaja luennoiden metallien tutkimustekniikkaa sekä eräitä metalliopin kursseja (v. 1968–71). Saarinen ohjasi myös useita, mielenkiintoista kyllä, lähinnä ruostumattomiin teräksiin liittyviä diplomitöitä vuosina 1971–74. Hän oli myös PK:n vastaväittäjä professori Pentti Kettusen kanssa marraskuussa 1974. Lisäksi rautaruukkilaiset diplomiinsinöörit **Ilkka Eerola** ja **Veikko Heikkinen** toimivat metalliopin laitoksen tuntiopettajina (v. 1968–70) käytännössä avustaen mm. elektronimikroskopiassa Rautaruukilla.

Erikoisopettajina, tuntiopettajina ja assistentteina toimivat 1960-luvun lopulla ja 1970-luvun alussa ylioppilaat tahi vasta valmistuneet diplomiinsinöörit kuten Hannu Kalkela, Jorma Saralampi, Lauri Westman, Pentti Karjalainen, Pauli Alasaarela, Tapio Takalo, Tapio Hirvonen, Touko Ahonen jne. Myös DI **Seppo Sivonen** oli teknillisen fysiikan ja lyhytaikaisesti myös metalliopin assistentti ennen siirtymistään 8.4.1970 perustettuun Elektronioptiikan laitokseen, jossa hän sittemmin toimi koko pitkän työuransa, suurimman osan tästä laitoksen johtajana. Tapani Moisio oli Elektronioptiikan laitoksen käynnistäjä ja myös sen esimies Oulussa oloaikanaan. PK toimi tämän laitoksen johtokunnan puheenjohtaja vuodesta 1989 vuoden 2009 loppuun saakka, jolloin laitos lopetettiin yhdistämällä se Mikroskopian ja nanoteknologian keskukseen.

17

Mekaaninen metallurgia

Toisen menetys saattaa olla toisen onni ja näin voidaan katsoa käyneen terästutkimukselle 1990-luvun loppupuolella, kun Oulun yliopiston rakennustekniikan osasto päätettiin lakkauttaa. Tällöin vapautuneita varoja voitiin käyttää muihin yliopiston määrittelemiin tarkoituksiin ja varmaan korkeammalla hallintotasolla tehdyn lobbauksen tuloksena saatiin lupa perustaa muokkaustekniikan professuuri konetekniikan osastolle. Muodollisesti virka oli suoraan osaston johtajan alainen vuoden 2011 alkuun saakka eikä siis kuulunut materiaalitekniikan laboratorioon, vaikka toiminta tapahtuikin sen tiloissa. Näin muodostui täysi ketju OY:n metallitutkimukseen ja opetukseen, prosessimetallurgiasta (prosessi-metallurgian professuuri perustettiin elokuussa 1991 ja sitä hoitamaan kutsuttiin TKK:n dosentti **Jouko Härkki**) muokkaustekniikan kautta fysikaaliseen metallurgiaan. Perustettuun muokkaustekniikan professorin virkaan valittiin vuonna 1998 dosentti **Pekka Mäntylä** (DI 1972 OY, TkT 1989 TKK), joka oli työskennellyt vuodesta 1974 lähtien Rautaruukilla mm. ladunvalvontainsinöörinä sekä valssaustekniikan tutkimusryhmän esimiehenä. Mäntylällä oli erinomainen ruotsinkielen taito (myös englannin, ja hän vietti yhden vuoden professorinakin USA:ssa) ja hyvät yhteydet erityisesti Ruotsin suuntaan, mm. Mefosille, jonka tutkijoiden kanssa hänellä oli vuosien varrella ollut yhteisiä valssaustekniikan mallinnusprojekteja. Mefos yhtenä kumppanina Mäntylä osallistui useisiin ECSC/RFCS –rahoitteisiin muokkaustekniikan hankkeisiin Rautaruukin ja Tekesin rahoittamien valssaustekniikan kehityshankkeiden ohella. OY:n terästutkimukseen Mäntylän vaikutus jäi kuitenkin suhteellisen vaatimattomaksi, kun hänellä ei ollut omia opiskelijoita ja tutkimusryhmä oli pieni. Hän jäi eläkkeelle elokuusta 2010. Valssaustekniikan luento-opetusta antoi myös yliopistonopettaja DI **Jussi Paavola**, varsinkin Mäntylän jäätyä eläkkeelle. Muovaustekniikan kurssia piti vuosittain dosentti **Jari Larkiola** (TkT 1990 TKK) VTT:ltä.

Eräs pitkäaikainen Mäntylän tutkija oli australialainen David Martin, joka saapui +30°C:sta Melbournesta -30°C:seen Suomeen tammikuussa 2001. Martin väitteli lopulta vuonna 2011 Mäntylän ollessa jo eläkkeellä ja siksi David Porterin ollessa kustoksena, mutta hän ei tainnut koskaan suorittaa tohtoritutkintoa loppuun, vaan siirtyi Ruotsiin KIMAB'in palvelukseen tuona vuonna. Siellä hänen työtehtäviinsä kuuluvat termomekaaniset käsittelyt sekä Gleeble-kokeet tuolloin vasta hankitulla laitteistolla.

Pekka Mäntylä (3. 2006). Takana Riitta Lindvall ja jatko-opiskelija Pasi Suikkanen.

Mekaanisen metallurgian professuuria pidettiin säästösyistä täyttämättä nelisen vuotta, kunnes se konetekniikan osaston valmistustekniikan professorin Jussi A. Karjalaisen jäädessä eläkkeelle saatiin panna auki tehtävänalana muokkaus- ja muovaustekniikka (*with emphasis on the numerical and physical modeling of hot and cold rolling and sheet forming*). Tarkoituksena oli yhdistää kaksi aikaisempaa viranalaa, muokkaus ja muovaus, tähän professuuriin. Dosentti Jari Larkiola valittiin tehtävään helmikuun alusta 2015. Tuotantotekniikan professori Kauko Lappalaisen jäädessä eläkkeelle vuoden 2015 lopussa Larkiola saa myös hänen alueensa vastuulleen, joten materiaalitekniikan tutkimusryhmästä tulee melko suuri materiaali- ja tuotantotekniikan tutkimusryhmä.

Muokkaus- ja muovaustekniikan professori Jari Larkiola.

19

Avustava henkilökunta

Palataanpa takaisin alkuaikoihin. Metalliopin laboratorion henkilökuntaan kuului laboratorioinsinööri jo vuodesta 1968 lähtien ja tätä tehtävää hoiti ansiokkaasti yli-insinööri **Tuure Miettinen** (DI 1966 OY; TkL 1974 OY) aina eläkkeelle siirtymiseensä saakka vuonna 2003. Miettinen oli luonteeltaan täsmällinen vanhankansan "toimistoinsinööri" pitäen avustavan henkilökunnan nuhteessa sekä laiterekisterit hyvässä järjestyksessä riippukansioissa ja mapeissa. Hänellä oli hyvä kielitaito ja hän osasi mm. venäjää, jota silloin tällöin tarvittiin. Miettinen oli syntyjään länsirajan läheltä Pellosta, mikä tuli esille melko usein. Hänen jälkeensä DI **Seppo Järvenpää** sai nimityksen tehtävään ja hoitaa sitä edelleen. Tutkijoiden ja laitteiden suuren määrän vuoksi Järvenpään päivän täyttävät monenlaiset tehtävät, mutta hän on erityisen perehtynyt henkilökohtaisiin tietokoneisiin, ja on Mac-fani; ja varsinkin alkuvuosina neuvoja tietokoneen käytössä kyllä tarvittiin jatkuvasti.

Laboratorioinsinöörit: Tuure Miettinen 1968–2003 (vasen) ja Seppo Järvenpää 2003 – .

Tuure Miettinen jäämässä eläkkeelle 31.07. 2003. Paikalla myös dekaani Vilho Lantto.

Tutkimusta avustavaa henkilökuntaa oli alkuvuosina runsaasti, varsinkin vähäiseen tutkijoiden määrään verrattuna, sillä jo Koulukadulla teknillisen fysiikan osaston työpajassa oli apuna kaksikin henkilöä (mekaanikko Yrjö Hyvönen ja sähköteknikko Antti Komulainen) sekä heidän työnjohtajansa (laboratoriomestari Aarne Juntunen). Lisäksi palveluksessa oli laboratorio-apulainen (Marjatta Vahtola, myöhemmin Aino Kosonen) ja kaksi siivoojaa, toki koko osastoa palvellen.

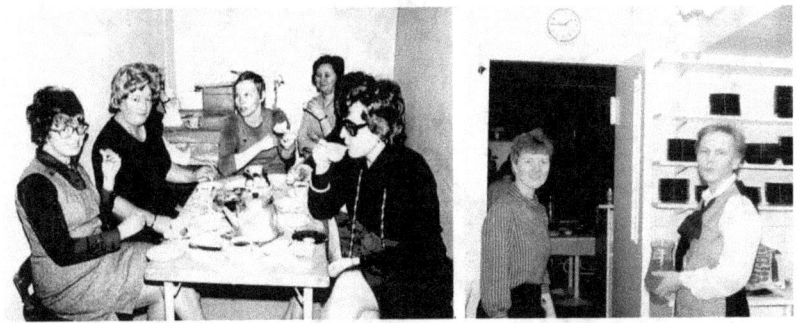

Rouvat kahvilla Koulukadulla (vasemmalta kirjastonhoitaja Sylvi Oraviita, valokuvaaja Aino Kosonen, preparaattori Sisko Paananen ja oikealla etumaisena osastosihteeri Karin Norrbacka). Liisa Rääpysjärvi ja Sisko Paananen virkeinä pikkujoulussa pikkutunneilla v. 1985 (oikea).

21

Metalliopin tutkimuksen lisäksi samassa alakerrassa teki mm. filosofian lisensiaatti Markus Pessa elektronispektroskopian tutkimusta omatekoisella ESCA-laitteistolla. Pessa työskenteli myöhemmin menestyksellisesti Tampereen teknillisen yliopiston puolijohdeteknologian professorina. 1970- ja 1980–luvuilla koneistus- ja hitsaustehtävissä oli vakituisesti kaksi laboratoriomestaria (Osmo Kylmäluoma aloitti v. 1972 myöhemmin esiteltävässä KTM:n projektissa ja Esko Hanhela tuli laitokselle 1.12.1974 jääden eläkkeelle maaliskuussa 2003); väliin esimerkiksi työllisyysvaroin palkattuna oli lyhytaikaisesti vielä muitakin; sekä kaksi preparaattori-/laboratoriomestarirouvaa (Sisko Paananen, joka tuli jo Koulukadulle ja Liisa Rääpysjärvi, joka siirtyi metallioppiin Linnanmaalla kemian laitokselta) hieiden teossa, piirtämässä ja valokuvauksen parissa. Parhaina vuosina kehitettiin useita tuhansia valokuvia terästen mikrorakenteista omassa pimiössä. Teknikko Ilpo Alasaarela palkattiin vuonna 1996 tutkimustekniikoksi projektirahoituksella ja hän on yhä materiaalitekniikan tutkimusryhmän palveluksessa.

Tyypillisesti 1980-luvun hyvinä aikoina materiaalitekniikan laboratorion henkilökunta koostui professorista, apulaisprofessorista, yliassistentista, kolmesta assistentista, laboratorioinsinööristä ja neljästä tutkimuksen avustajasta sekä alle kymmenestä tutkijasta. Tämä oli yliopiston perusrahoituksen suhteen kulta-aikaa.

Laboratoriomestari Osmo Kylmäluoma neuvoo Veli Kujanpäätä ja PK:ta (vasen). Tutkimusteknikko Esko Hanhela jäämässä kukkien kera eläkkeelle maaliskuussa 2003 (oikea).

22

Sisko Paananen ja Liisa Rääpysjärvi (vasen) sekä Ilpo Alasaarela kahvilla avustavan työn lomassa vuonna 2003 (keskellä). Kirjastonhoitaja Merja Rotonen (oikea).

Kuitenkin 2000-luvulla näiden useita vuosikymmeniä palvelleiden henkilöiden siirtyessä eläkkeelle ei ollut enää varaa ottaa uusia; toisin aikanaan valokuvien kehitys lopetettiin samaten kuin tussilla piirtäminen, joten jotkut tehtävätkin vähenivät; ja lopulta laboratorioinsinööriä lukuun ottamatta ei ollut yhtään yliopiston budjetin kautta palkattua avustavaa henkilöä, vaikka tutkijoita oli parikymmentä. Vihdoin joulukuussa vuonna 2010 saatiin ottaa DI **Juha Uusitalo** käyttöinsinööriksi, jolta henkilöstöpäällikkö kuitenkin kielsi hieiden teon tehtävänimikkeeseen sopimattomana työnä, ja muutenkin käytännössä Uusitalon päätyöksi tuli uuden Gleeble 3800 simulaattorin operointi. Sähköteknikko Martti Korhonen oli palkattu ulkopuolisella projektirahoituksella Gleeble-operaattoriksi heti vuodesta 1991 lähtien, mitä tehtävää hän hoiti aina varhaiseen poismenoonsa saakka kesällä 2014, sekä Ilpo Alasaarela koneistustehtäviin. Toisaalta PK muistaa, että hänen ollessaan Montrealissa McGill University'ssä, professori John J. Jonas'ella oli nelisenkymmentä tutkijaa, mutta apunaan vain sihteeri ja yksi meksikolainen teknikko. Aikoinaan vain Suomessa totuttiin parempaan.

Samaten kutistui yliopiston budjetin kautta saatu alkuun kohtalainen toiminta- ja laitehankintarahoitus vuosikymmenten aikana ja muuttui lopulta negatiiviseksi. Täten materiaalitekniikan laboratorio joutui maksamaan hankkimiensa palvelutoimintaprojektien ylijäämästä konetekniikan osastolle useina vuosina noin satatuhatta euroa. Tämä merkitsi ulkopuolisen rahoituksen tärkeyden kasvua tutkimuksen ja jopa opetuksenkin kannalta. Onneksi sitä oli hyvin tarjolla eri muodoissa kuten myöhemmin kerrotaan, kiitos erityisesti Rautaruukin, Outokummun ja

23

Tekesin, vaikka Suomen Akatemialta tuli joskus kommentti, ettei teräs ole innovatiivinen materiaali.

Koulukadulla Karin Norrbacka toimi teknillisen fysiikan osaston kanslistina. Konetekniikan osaston toimistossa, siis myös metallioppia avustaen, työskenteli osastosihteerinä ensin Terttu Kauppinen ja hänen muutettua professorimiehensä mukana Turkuun Arja Korhonen (os. Seppälä), sekä muissa tehtävissä Riitta Lindvall (opintoasiat), Tuula Haapaniemi (os. Vikeväinen) (talousasiat) ja myös Arja Väyrynen lyhemmän aikaa. Kaisu Kekkonen oli osaston pitkäaikainen ammattitason valokuvaaja. Kuitenkin vuonna 2014 oli konetekniikan osaston toimisto tyhjä ja em. henkilöt siirretty yliopiston toisiin tehtäviin.

Konetekniikan osaston toimiston rouvat (vasemmalta) Arja Korhonen, Tuula Haapaniemi ja Riitta Lindvall.

24

Metallitutkimuksen alkuvuodet

Tuolloin yli 50 vuotta sitten teollisuusinsinööriosaston teknillinen fysiikka ja siihen syksyllä 1962 perustettu metalliopin laitos toimivat Invalidisäätiöltä vuokratussa Proteesipajassa osoitteessa Kajaanintie 42, jossa tilat olivat kuitenkin ahtaat ja välineistö niukka.

Kajaanintie 42 (Proteesipaja). Teknillisen fysiikan laitos 1960-luvun alussa. Luentosali, fysiikan approbaturosasto 1966–73.
http://www.oulu.fi/fysiikka/historia/hajasijoituksesta-linnanmaalle

Syyskuun alussa 1963 teknillinen fysiikka ja metallioppi pääsivät muuttamaan entisen Oulun Osuuskaupan saunan, makkaratehtaan sekä leipomon kunnostettuihin väljiin tiloihin Koulukatu 32:ssa. Kun laboratoriotilat olivat katutasossa, itse asiassa vähän sen alapuolella, ja monet ihmiset olivat vuosia tottuneet käyttämään tätä yleistä saunaa, ilmaantui usein ulko-ovelle saunaan menijöitä, samaten kuin laitapuolen kulkijoita kylmältä suojaan, mihin saattoi myös olla osana läheisen opiskelijoidenkin suosiman Haarikka-ravintolan sijainti.

Kun yliopisto oli tuohon aikaan hyvin hajasijoitettu, saattoi tapahtua, että esimerkiksi matematiikan luennon päättymisen jälkeen piti siirtyä suuresta luentosalista Aleksanterinkadulta 15 min päästä alkaviin kemian analyyseihin Kontinkankaalla sijaitsevaan parakkiin. Siihen aikaan ei opiskelijoilla ollut autoja, vaan siirtyminen oli tehtävä rivakasti jalkaisin. Tämä kuului tuolloin asiaan eikä hidastanut opintojen edistymistä.

Karl Sandelin suunnittelema leipomo, makkaratehdas ja saunarakennus (Estormiz, 3 May, 2008).

Metalliopin laboratorion laitekanta oli luonnollisesti alkuvuosina nyky-mitoin arvioituna melko vaatimaton. Lämpökäsittelyjä varten oli laboratorioon saatu muutama suolakylpyuuni, lisäksi oli Reichart valo-mikroskooppi, Philips induktiogeneraattori, Wolpert vetokone ja iskuvasara, kovuusmittari, potentiostaatti, pyöräkulutuslaitteisto, tyhjö-höyrystyslaite sekä Philips 75 kV läpivalaisuelektronimikroskooppi. Kulutus- ja tyhjöhöyrystyslaite olivat Suomen Akatemian apurahalla hankittuja ja tuon aikaisen käytännön mukaisesti sen omistamia. Täten kun joku toinen tarvitsi näitä laitteita tutkimukseensa, hän saattoi pyytä niitä käyttöönsä. Tyhjöhöyrystyslaite oli tarkoitettu hiilireplikoiden valmistukseen elektronimikroskoopille. Matalan kiihdytysjännitteen ja näytteen kallistusmahdollisuuden puuttumisen takia tämä mikroskooppi ei sopinut varsinaiseen metallisten ohuthieiden läpivalaisuun ja sen käyttö oli vähäistä. Kuitenkin Mannerkosken ja Moison käytön ohella PK tutki replikatekniikalla esimerkiksi väsytettyjen koesauvojen pintaan syntyviä liukunauhoja. Teknillisen fysiikan osastolla oli kirjasto, jonne tuli useita aikakausilehtiä (OY:n toimintakertomuksen mukaan mm. vuonna 1968–69 säännöllisesti 54 alan lehteä), kuten Journal of Iron and Steel Institute ja Acta Metallurgica, joiden vuosikerrat sidotettiin koviin kansiin kultaisin kaiverruksin arvokkaiksi teoksiksi.

Mannerkoski korosti kirjallisuustutkimuksen tärkeyttä ja opetti, että päivä kirjastossa saattaa korvata usean kuukauden työn laboratoriossa. Nykyäänhän kirjallisuustutkimus on entistäkin tärkeämpi tutkijoiden ja julkaisujen suunnattoman määrän takia, ja kun kaikkea on jo tutkittu, vaikka nuoret tutkijat aloittaessaan saattavat toisin väittääkin. Onneksi nykyiset välineet tarjoavat kirjallisuushakuun erinomaiset mahdollisuudet, kun artikkelit löytyvät muutamassa minuutissa ja ne voi myös välittömästi tulostaa toisin kuin ennen, kun ne oli tilattava usein British Library'stä ja kopio saapui usean viikon kuluttua.

Ymmärrettävästi metalliopin laitoksen tutkimus 1960-luvulla oli vähäisistä välineistä ja resursseista johtuen tähän päivään verrattuna melko vaatimatonta. Olihan aluksi vain nuori professori sekä assistentti; myöhemmin useampiakin yp ja ap assistentteja, mutta alinomaa vaihtuvina lähinnä opetusta varten; vaikka varmasti Mannerkoskessa oli myös etevän tiedemiehen ainesta. Mannerkoski selvitti mm. teräksisten kantopyörien kulumista VR:n aineiston pohjalla. Väitöstyö "On the decomposition of austenite in a 13Cr per cent chromium steel" (Acta Polytechn. Scd., 1964) oli tehty jo TKK:ssa ja siinä osoitettiin karbidien syntyvän austeniitti-ferriittirajapinnan polvekkeissa muodostaen erkaumajonoja sisältävän periodisen rakenteen.

Oulun yliopiston vanhoista toimintakertomuksista voi päätellä, että ensimmäinen oululainen metalliopin julkaisu oli Martti Sulosen väitöstyön jatkotutkimukseen pohjautuva Reinvestigations of the copper-cadmium alloy system: the alpha phase boundary and crystal structure of the Cu2Cd phase. Acta Polytechn. Scd., Chemistry incl. metallurgy, Ser. 18, Stockholm (18 sivua), vuodelta 1963. Ilmeisestikään itse tutkimus ei kuitenkaan oltu tehty Oulussa vaan jo TKK:lla.

Mannerkoski julkaisi vuonna 1964 artikkelit: The effect of temperature and heating rate on the secondary recrystallization of doped tungsten wires, Journal of the Institute of Metals 92, London (2 s.), varmaankin Airamilla tekemänsä tutkimuksen tuloksena, sekä The effect of partial decomposition of austenite on the corrosion resistance of hardened 13 per cent chromium steels, Jernkontorets annaler 147, Stockholm, (19 s.). Myöhemmin Mannerkoskelta ilmestyi hänen väitöstyönsä jatkona The mechanism of formation of a periodic eutectoid structure at low temperatures in plain chromium steel, Metal Science, Vol. 3, No 1, 1969,

54-55). Toinen julkaisu samalta vuodelta on T. Moisio and M. Mannerkoski, *The influence of tempering on the anodic polarization of a precipitation hardened low-C martensitic stainless steel*, Corrosion Science, vol. 9, 1969. Terästutkimukselle vahinkona Mannerkoski siirtyi pian täysipäiväisiin yliopiston hallinto- ja johtotehtäviin, joissa hän teki erittäin mittavan elämäntyönsä. Epäilemättä hänen rehtorikaudellaankin oli oma positiivinen vaikutuksensa myös metallitutkimuksen edellytyksiin OY:ssa.

Diplomityöluettelon mukaan ensimmäinen valmistunut metalliopin opinnäytetyö on Tuure Miettisen Mannerkosken ohjauksessa tekemä *Mikrorakenteen vaikutus teräksisten kantopyörien kulumisen kestävyyteen* (1966). Toinen samasta aihepiiristä tehty diplomityö on Markku Honkajärven *Teräksisten kantopyörien pintakarkaisu* (1968). Rautaruukin aiheista tehtyjä töitä ovat ainakin seuraavat (valvojana Mannerkoski, Moisio tai Saarinen):

Aaro Koskela, *Austenitointilämpötilan ja jäähtymisnopeuden vaikutus niobilla mikroseostetun hiiliteräksen mekaanisiin ominaisuuksiin* (1967), Hannu Kalkela, *Alumiinitiivistyksen vaikutus niukkahiilisen teräksen myötölujuuteen korotetuissa lämpötiloissa* (1968), Jorma Saralampi, *Kuparin tunkeutuminen teräkseen kuumamuokkauslämpötiloissa* (1969), Tapio Hirvonen, *Teräslevyn paksuussuuntaisen lujuuden mittaamisesta* (1969), Risto Malinen, *Lämpötilan ja seostuksen vaikutus niukkahiilisen teräksen hapettumiseen* (1970), Tapio Takalo, *Normalisoinnin jälkeisen jäähtymisnopeuden vaikutus eräiden niukkaseosteisten terästen mikrorakenteisiin ja erkautumiskarkenemiseen* (1970), Pauli Alasaarela, *Mangaanipitoisuuden ja hitsausolosuhteiden vaikutus niukkahiilisen rakenneteräksen muutosvyöhykkeen jäännösausteniittipitoisuuteen* (1970), Touko Ahonen, *Myöstön vaikutus eräiden paineastiaterästen kuumalujuuteen* (1971), Raimo Soininen, *Lämpökäsittelytilan vaikutus niukkahiilisen rakenneterästen haurasmurtumakäyttäytymiseen* (1971); ensimmäinen Aulis Saarisen valvoma työ; Teuvo Miettinen, *Bauschinger-efekti C-Mn teräksissä* (1971), Pekka Mäntylä, *Hitsausenergian vaikutus erään mikroseostetun C-Mn teräksen jauhekaarihitsiliitoksen sitkeyteen* (1972), Markku Lappalainen, *Pienellä energialla etenevä sitkeä murtuma niukkahiilisissä rakenneteräksissä* (1974), Ossi Lakkala, *Pataolosuhteiden vaikutus pinnoitteen ominaisuuksiin kuumasinkityksessä* (1975), Risto Laitinen, *Teräksen kuuma-aluminointi* (1977), Ilkka Sorsa, *Raekoon vaikutus niukkahiilisten ohutlevyterästen magnetoitumishäviöihin* (1978), Jukka Väyrynen, *Niukkahiilisten rakenneterästen piipitoisuuden vaikutus*

28

niiden kuumasinkittävyyteen (1979). Lisäksi mainittakoon Raimo Soinisen lisensiaatintyö *Haurasmurtumisen alkaminen ja eteneminen niukka-hiilisissä rakenneteräksissä* (1975) sekä paljon myöhemmin ja eri olosuhteissa tehty Risto Laitisen lisensiaatintyö *Koostumuksen ja valmistustavan vaikutus lujien terästen hitsausliitoksen murtumissitkey-teen* (1998) PK:n valvonnassa.

Muihin kuin teräksiin liittyviä töitä olivat Lauri Westmanin *Nikkelin korvaaminen kuparilla martensiittisessa valkoisessa valuraudassa* (1969) ja PK:n *Erkaumista köyhtyneet vyöhykkeet ja väsyminen Al-Si seoksessa* (1969), joista jälkimmäinen taisi olla ensimmäinen Moision ohjaama työ.

Teknillisen fysiikan osaston tiedemiehiä kahvilla Koulukadulla (vasem-malta etupöydässä Tapani Moisio, Tapio Takalo, Risto Rautioaho (?), Jouko Vähäkangas, Heikki Torvela, Juhani Väyrynen ja tunnistamaton pitkätukka; takapöydässä Jaakko Lenkkeri ja professori Eliel Lähteen-korva).

1960-luvun lopulla ja 1970-luvun alkupuolella teknillisen fysiikan yhteisö oli pieni, opiskelijat ja tutkijat tunsivat toisensa ja valmistuneita oli vähän (1960-luvulla 3–9 vuosittain), ja oltiin nuoria ja rämäpäisiäkin, joten valmistujaisia juhlittiin kunnolla metalliopin laitoksen kellarissa. Lisäksi juoma oli edullista, kun läpivalaisunäytteiden pesuun tarkoitettua Aa:ta oli säästetty tähän tarkoitukseen.

Assistentti/yliassistentti TkL Tapani Moisio pyrki valmistelemaan väitöskirjaa jatkaen lisensiaattityönsä aiheesta (*Erkautumisreaktioista kuparimagnesiumseoksissa*, v. 1966, OY). Itse asiassa jo Martti Sulonen oli tutkinut vastaavan laista Cu-Cd seosta väitöstyössään (Martti Sulonen, *Ann. Acad. Soc. Fennicae, Ser. A* **6** (1957)) ja taisipa tutkia sitä taasen eläkkeelle siirryttyään. Näissä seoksissa esiintyy sekä epäjatkuvaa että jatkuvaa erkautumista, ja raerajojen ympäristöön muodostuu erkaumista köyhtyneet vyöhykkeet, kuten esimerkiksi useissa alumiiniseoksissakin. Nämä vyöhykkeet olivat Moision kiinnostuksen kohteena ja niistä oli tehty aikaisemmin julkaisu lisensiaatintyön perusteella (T. Moisio and M. Mannerkoski, *Modes of precipitation of Cu2Mg from solid solutions of magnesium in copper, J. Inst. Met.* 95, 1967, 268-272). Rautaruukille oli juuri saatu läpivalaisuelektronimikroskooppi (100 kV Philips 300), joka oli sovelias ohuthieiden läpivalaisuun toisin kuin metalliopin laboratorion oma mikroskooppi, ja Moisio halusi hyödyntää sitä tässä tutkimuksessa. Kuitenkin näytteenvalmistus ikkunamenetelmällä kuparista osoittautui haasteelliseksi, vaikka TKK:ssa kehitetty kylmäkiillotusmenetelmä oli täälläkin käytössä. Perusopintojensa loppuvaiheessa oleva PK oli palkattu Mannerkosken tutkimustyön avustajaksi kesäkuun alusta 1968 neljäksi kuukaudeksi ja Suomen Akatemian sivutoimiseksi tutkimusapulaiseksi vuodeksi 1969, ja siten hän oli usein Moision mukana näissä vierailuissa Rautaruukilla. PK puursi lisäksi vielä oman diplomityönsä parissa (*Erkaumista köyhtyneet vyöhykkeet ja väsyminen Al-Si seoksessa*; tehty 9.1968–3.1969), jonka aihe oli valittu Moision tutkimusta sivuten. Koemateriaalit valettiin itse induktiogeneraattoria ja grafiittiupokasta käyttäen metalliopin laboratoriossa ja valssattiin Raahessa Rautaruukin keskuslaboratorion laboratoriovalssaimella. Yksinkertainen WEBI-taivutusväsytyskone saatiin aluksi lainaksi VTT:ltä ja myöhemmin ostettiin Saksasta samanlainen. Diplomityössä, joka valmistui vuoden 1969 maaliskuussa, on Rautaruukin elektronimikroskoopilla otettuja läpivalaisukuvia alumiinin vakanssiryhmittymistä ja erkaumista vapaista vyöhykkeistä sekä väsymisen aikaansaamista dislokaatiorakenteista Al-1%Si seoksessa. Kun PK tutki tuota alumiiniseosta Rautaruukilla, sattui kerran, että ulkomaalaisia vierailijoita ilmestyi isäntien kanssa mikroskoopille ja kysyivät, mitä näytteessä näkyy. Oli tietenkin vähän koomillista joutua selittämään terästehtaalla alumiinin muokkausrakenteita. Ja diplomityöstä vieläkin muistaa, että sen kirjoittaminen puhtaaksi kahteen kertaan omalla ei-sähköisellä kirjoituskoneella kaksisormijärjestelmällä oli työläs loppurutistus eikä kirjoitusjäljestäkään tullut moitteeton.

Läpivalaisuelektronimikroskopia oli uusi ja 1960-luvulla erittäin suosittu tutkimusmenetelmä mahdollistihan se ensi kertaa suoran metallin sisäisen rakenteen tarkastelun hyvällä erotuskyvyllä. Esimerkiksi TKK:ssa tehtiin tuolloin useita väitöstöitä sitä käyttäen (Aulis Saarinen, Jarl Forstén, Erkki Räsänen, Veikko Lindroos, Raimo Räty jne). Kylmäkiillotus on tekniikka, joka oli TKK:ssa vasta kehitetty ja sieltä se tuotiin Ouluunkin. Kun PK valmistui diplomi-insinööriksi, teki hän ensimmäisen matkansa Helsinkiin ja Espooseen vieraillessaan TKK:n Vuoriteollisuusosastolla, jossa Raimo Räty opasti häntä lisää elektronimikroskopian saloihin. PK käyttikin tätä tutkimusmenetelmää laajasti niin lisensiaatin- kuin väitöstyössään.

Pentti Karjalaisen ensimmäinen julkaisu Moision kanssa tehtynä on vuodelta 1970 liittyen diplomityössä käytetyn Al-1%Si seoksen epäjatkuvaan myötymiseen vetokokeen aikana: Karjalainen P. and Moisio T., *Continuous and discontinuous yielding in impure Al and Al-Si alloy*, Journal of the Institute of Metals, 98, 1970, 329–331. Tämäkin koemateriaali tehtiin Rautaruukin laboratoriovalssaimella. PK jatkoi lisensiaatin-tutkimuksessaan (*Lujittumisen ja metallografisen rakenteen vaikutus Al-Si seoksen väsymiskestävyyteen,* 1971) mikrorakenteen vaikutuksen selvittelyä Al-1%Si seoksen sykliseen lujittumiseen, säröjen ydintymiseen sekä väsymiskestävyyteen, minkä perusteella hän kirjoitti julkaisun: Karjalainen, P., *The influence of cyclic hardening and microstructure on the fatigue of an Al-Si alloy*, Metal Science Journal, 6, 1972, 195–199. Laaja elektronimikroskooppitutkimus väsytyksen aikaansaamista dislokaatiorakenteista oli yhä tehty Rautaruukin mikroskoopilla vuoden 1971 aikana. Voidaan huomata, että tuohon aikaan ei pidetty konferenssiesityksiä eikä käyty ulkomailla konferensseissa ja seminaareissa, toisin kuin nykyisin on tapana. PK:n osalla ensimmäinen konferenssiosallistuminen tapahtui vasta vuonna 1982 – tosin heti USA:han.

Väitöskirjan tekemiseen PK pääsi 11 kk erikoisupseerijoukoissa suoritetun asevelvollisuuden jälkeen. Asepalvelus sisälsi tavanomaisen upseerikoulutuksen lisäksi mm. kiväärin piipun kuumakromauksen kokeilua Puolustusvoimien tutkimuskeskuksessa Harakan saarella ja kranaattiteräksen laaduntarkastusta Imatran terästehtaalla. Väitöstyössä (*Fatigue hardening and fatigue life of some f.c.c. metals and alloys under alternating bending, Acta Universitatis Ouluensis, Series C, Technica No. 5, Metallurgica No. 1*) PK selvitti väsymisen aikaansaamaa muokkaus-

31

lujittumista pkk-metalleissa Cu, Cu-36%Zn sekä Al-5%Mg. Tämä työ valmistui keväällä 1974, jolloin PK siirtyi kesäkuussa Nokia Kaapelin tekniseen ryhmään Helsinkiin metallurgian laboratorion päälliköksi reiluksi kolmeksi vuodeksi. Ikää hänellä oli tässä vaiheessa 28 vuotta.

Väitöstyön elektronimikroskooppitutkimus voitiin tehdä lääketieteellisen tiedekunnan tiloihin Kontinkankaalle sijoitetulla elektronioptiikan laitoksen uudella läpivalaisuelektronimikroskoopilla JEM 100B. Itse väitöstilaisuus pidettiin vasta marraskuussa 1974 teknillisen fysiikan osaston tiloissa. Siinä väitökseen varattu aika ei riittänyt kaikkien kysymysten esittämiseen, sillä vastaväittäjät professori Pentti Kettunen ja dosentti Aulis Saarinen olivat metallioppia ja eritoten väsymistä ja elektronimikroskopiaa syvällisesti tuntevia ja tietenkin hyvin valmistautuneita tilaisuuteen. Tämä oli ensimmäinen metalliopin väitös Oulussa. Myöhemminkin metalliopin väitökset olivat tiukkoja tilaisuuksia, joissa käytettiin kahta vastaväittäjää – usein toinen ulkomaalainen – jotka eivät päästäneet väittelijää turhan helpolla.

PK:n väitöstilaisuus menossa, jossa vastaväittäjät Pentti Kettunen ja Aulis Saarinen myhäilevät kieron kysymyksen esitettyään. Liitutaulukin on jo täynnä selityksiä.

Ruostumattomista teräksistä tehtiin muutamia diplomitöitä vuonna 1972–73, siis jo ennen Outokummun terästehtaan perustamista, ja lisääntyvässä määrin kaudella 1974–81. Tekijöinä olivat Seppo Tiitto, Kirsti Mielityinen, Yrjö Lemmetty, Jouko Pykönen, Eero Rättyä, Niilo

Suutala, Juhani Ala-Antti, Kaarlo Anttila, Tuomas Kauppi, Antero Markkanen, Antero Kyröläinen, Kalevi Somero, Jouko Leinonen, Heikki Oksanen, Jorma Majava, Veli Kujanpää ja Lassi Myllykoski. Hiukan edellisistä aiheista sivussa, Matti Kurkela tutki diplomityössään puhtaan nikkelin vetyhaurastumista (1980) ennen siirtymistään rotary-stipendiaattina MIT:hin USA:aan, jossa väitteli nopeasti. Nykyisin hän toimii perustamansa yrityksen Tikomet Oy:n toimitusjohtajana Jyväskylässä.

Kirsti Mielityinen (DI 1972, TkL 1976, TkT 1979 OY) tutki austeniittisia ruostumattomia teräksiä kaikissa opinnäytetöissään. Valmistuttuaan diplomi-insinööriksi hän toimi yliopiston assistenttina ja tuntiopettajana ja sitten Rautaruukin tutkimusinsinöörinä v. 1974–77. Lisensiaatin- ja väitöstyössään hän teki huolellista läpivalaisuelektronimikroskopiaa krominitridien erkautumisesta austeniitissa demonstroiden sekä tumma-taustakuvien käyttöä että erkaumiin liittyvien dislokaatioiden burgers-vektorin määritystä. Myöhemmin PK saattoi esitellä näitä tekniikoita opiskelijoille materiaalin tutkimustekniikan opintojakson luennoilla. Myöhemmin Kirsti Tiitto (siis os. Mielityinen) ja Pekka Mäntylä tekivät muutamia yhteisjulkaisuja paikallisen sähköisen kuumennuksen teräs-aihioiden laatua parantavasta vaikutuksesta, kun se tasoittaa läpityöntö-uunin kiskojen aiheuttamia lämpötilaeroja.

Teknillisen fysiikan osasto ja metalliopin laitos toimivat Koulukatu 32:ssa aina Linnanmaalle muuttoon saakka vuonna 1975. Siinä yhteydessä teknillisen fysiikan osasto lopetettiin ja metalliopin laitos liitettiin konetekniikan osastoon metalliopin laboratorioksi. Nimi muutettiin vuonna 1985 materiaalitekniikan laboratorioksi, kun haluttiin korostaa, että se on vastuussa materiaalitietämyksestä laajemmin kuin pelkästään metallien osalta. Etenkin opetuksessa mikroelektroniikan keraamit sekä konetekniikan muovit tulivatkin mukaan 1980-luvulla, jolloin high-tech huuma alkoi kasvaa Nokian mukana Oulun seudulla, ja myös materiaalitekniikka halusi kouluttaa diplomi-insinöörejä elektroniikkateollisuudelle.

Yhteistyö teollisuuden kanssa viriää

Metalliopin tutkimusta rahoitti aluksi yliopiston ohella Suomen Akatemia sekä Outokumpu Oy:n Säätiö apurahoin. Oulun yliopiston teollisuus-insinööriosaston professoreilla oli hyvät yhteydet teollisuuteen jo 1960-luvulla. Kuitenkin tutkimustoiminnassa teollisuuden suora osallistuminen oli vähäistä ja maksullinen palvelutoiminta oli yliopistoissa Opetus-ministeriön (OPM) rajoittamaa, oikeastaan kieltämää. Osaltaan tähän vaikutti se, että OPM:n keväällä 1973 antamien ohjeiden mukaan yli 5000 mk tutkimussopimus tuli hyväksyttää ministeriössä etukäteen. Pelko teknillisen tutkimuksen jäämisestä "akateemiseksi pöytälaatikko-tutkimukseksi" oli voimakas. Onneksi paljolti rehtori Markku Manner-kosken ponnistelujen ansiosta tämä määräys saatiin purettua vuoden 1975 lopulla.

Kuitenkin Tapani Moisio oli jo vuonna 1970 kansainvälisessä asiantuntija-ryhmässä selvittämässä maaliskuun 19 päivänä Typpi Oy:n ammoniakki-tehtaalla tapahtuneen lämmönvaihtimen räjähdyksen syytä. (Artikkeli tästä tapahtumasta: T. Moisio, *Metal Constr. Br. Weld. J., Jan., 1972, 3–10* ja tapahtumasta on kerrottu myös: B. Hayes, *Engineering Failure Analysis, Vol. 3, No. 3, 1996, 157–170*). Myös PK teki jo vuonna 1972 pieniä palvelututkimuksia esimerkiksi Veitsiluoto Oy:lle Kemiin. Vaurioanalyysit-hän muodostivat myöhemmin melkoisen osan palvelututkimuksesta Oulun, Kemin, Veitsiluodon ja Kemijärven puunjalostusteollisuudelle. Näitä riippukansioraportteja kertyikin vuosikymmenten varrella yli sata.

Vuoden 1972 puoliväli oli merkittävä Oulun yliopiston terästutkimukselle, sillä silloin aloitettiin ensimmäinen laajempi tutkimusprojekti teollisuuden kanssa. Kyseessä oli austeniittisten ruostumattomien teräsputkien hitsat-tavuus sovelluskohteena tällöin suunnitteilla olleen Loviisan ydin-voimalan putkistojen valmistus (varsinainen putkimateriaali oli venäläinen Ti-stabiloitu 18Cr-8Ni teräs). Moision vetämää tutkimusta rahoittivat Oy Huber Ab sekä Kauppa- ja teollisuusministeriö (KTM). Yliopistolta tutkijoiksi tulivat PK (osa-aikaisesti) ja DI **Tapio Takalo**, sekä Huberilta DI **Risto Kettunen**. Siinä PK tutki deltaferriitin muodostumista ja sen mittaamista hitseissä, Takalo hitsien korroosionkestävyyttä sekä Kettunen kuumahalkeilutaipumusta. Tässä yhteydessä PK teki ensimmäisen ulkomaanmatkansa käydessään ESAB:in hitsauspuikkotehtaalla Göte-borgissa Ruotsissa. Tämän tutkimuksen tuloksista ilmestyi lukuisia suomenkielisiä julkaisuja ja Tapani Moisio teki väitöskirjansa austeniittisen ruostumattoman teräksen hitsin jähmettymisrakenteista vuonna 1974 (*Solidification Microstructure and Hot Cracking in Austenitic Stainless Steel Weld Metal*). Kuriositeettina voidaan todeta, että tuo Ti-stabiloitu austeniittinen Cr-Ni teräs, jota metalliopin laitoksessa alettiin tutkia vuonna 1972, on yhä Outokummunkin tuotantolistalla, ja tiettyjä ongelmia sen valmistuksen suhteen on vielä ratkottavana. Eli ei tutkittava välttämättä tutkimalla lopu.

Ruostumattomien terästen tutkimusta rahoitti myös Suomen Akatemia sekä Outokumpu Oy:n Säätiö vuosina 1975–77. Hitsattavuushankkeen jatkona Tapani Moisio kehitti viimeisinä Oulun vuosinaan Suomen Akatemian rahoituksella hitsaustapahtuman kuvausta, ja nimenomaan valokaaren ja hitsisulan käyttäytymistä. Siihen aikaan elokuvaus oli erilaista kuin videoiden teko nykyisin ja hitsikaaren suuri kirkkaus tietenkin tuotti lisävaikeuksia. Kuitenkin jähmettymisrintaman etenemi-nen ja kuumahalkeaman synty saatiin hyvin näkymään samoin kuin pisaran siirtyminen MAG-lisäainelangan päästä. Tämä havainnollisti tapahtumia ja etenkin opetuksen kannalta tästä oli hyötyä. 1970-luvun lopulla Moisiolla oli ajatus ruveta kehittämään laserhitsausta, mitä hän tekikin, mutta varsinaisesti vasta Lappeenrantaan siirryttyään.

Kuten jo aikaisemmin kerrottiin, oli konetekniikan osastolla 1970-luvulla suunniteltu ja rakennettu kitkahitsauskone, kuten eräitä muitakin oikeita tuotteita (mm. erittäin nopea postimerkkien leimauskone, muikun perkauslaite jne). Nokialaiset ottivat yhteyttä PK:hon kertoen, että heillä on vaikeuksia Al-Cu vaihtokaapelienkien ulkomaalaisen toimittajan kanssa. Näitä kaapelikenkiä käytetään kiinnitettäessä alumiinijohdin-kaapeleita kuparikiskoihin. He tiedustelivat, olisiko mahdollista valmistaa niitä kitkahitsaamalla vaikkapa ihan kaupallisesti. Kun tuolloin ei ollut liikaa teollisuusprojekteja, ryhdyttiin innolla kokeiluihin ja löydettiinkin melko nopeasti sopivat parametrit kupariosan liittämiseksi alumiini-holkkiin. Hitsauksessa syntynyt purse koneistettiin pois liitoksesta, ja liitos oli luja ja kaunis. Laboratoriomestari Osmo Kylmäluoma oli kiinnostunut lisäansioista ja hän hitsasikin ilta- ja viikonlopputöinään tuhansia kaapelikenkiä Nokialle. Nokialaiset saivat kuitenkin neuvoteltua uudet paremmat ehdot tuon toimittajan kanssa, joten metalliopin labora-toriossa luovuttiin tästä bisneksestä, eikä tuolloin katsottu kannattavaksi perustaa Suomeen kaapelikenkiä valmistavaa yritystä.

35

Metalliopin laboratoriossa kitkahitsattu ja viimeistelty Al-Cu kaapelikenkä.

Myöhemmin v. 1991 toteutettiin hiukan samantapainen pieni teollisuus-hanke Nelesin venttiilitehtaan toimeksiannosta, tosin tuolloin jo Tekesin rahoituksella. Kyseessä oli venttiililautasen otsapinnan päällystäminen kovalla stelliitillä kitkapinnoitusta käyttäen. Vanhasta pylväsporakoneesta tehtiin laite, jossa saatettiin painaa pyörivää lisäainesauvaa pinnoitet-tavaa metallia vasten. Tulos oli hyvin onnistunut, mutta Neles ei kuitenkaan ottanut menetelmää käyttöönsä. Myöhemmin kokeiltiin jonkinmoisella tuloksella tavallisen hiiliteräksen pinnoittamista mm. metallimatriisikomposiitilla. Kitkapinnoitustapahtuman kuva oli niin eksoottinen ja näyttävä, että se oli aikoinaan yliopiston esitteissäkin.

Kitkapinnoitus käynnissä sekä stelliitillä pinnoitettu venttiililautanen.

Hitsausmetallurgian taso korkealla 1980-luvun alussa

Kuitenkin varsinaiseen kukoistukseen ja kansainväliseen kuuluisuuteen em. KTM:n rahoittamassa hankkeessa alkanut ruostumattomien terästen hitsausmetallurginen tutkimus johti muutaman vuoden päästä, kun Niilo Suutala selvitti ensin diplomityössään (1974) austeniittisen ruostumattoman teräksen TIG-hitsin mikrorakenteita ja sen perään lisensiaatintyössään (1980) ja väitöstyössään (1981) koostumuksen ja jäähtymisolosuhteiden vaikutusta tällaisten terästen hitsiin muodostuvan deltaferriitin morfologiaan ja hitsin kuumahalkeiluriskiin (*Solidification Studies on Austenitc Stainless Steels*). Hän osoitti, ettei kuumahalkeilutaipumus riipu deltaferriitin määrästä huoneenlämpötilassa vaan hitsin jähmettymisjärjestyksestä, jähmettyykö sulasta ensiksi ferriittiä vai austeniittia, mikä puolestaan riippuu lähinnä teräksen kemiallisesta koostumuksesta ja jonkin verran jäähtymisnopeudesta. Samat lait pätevät myös jatkuvavaluaihion suhteen, jossa koostumuksen oikealla säädöllä voitiin vähentää merkittävästi pintahalkeilua ja siten aihion kunnostustarvetta. Suutalan värikäs väitöstilaisuus; eritoten toisen vastaväittäjän Rautaruukin TkT Erkki Räsäsen ansiosta; pidettiin vuoden 1982 puolella hänen ollessaan jo töissä Outokummulla Torniossa. Tämä tutkimus johti paljon referoituihin julkaisuihin amerikkalaisessa Metallurgical Transactions –aikakausilehdessä. Tässä tutkimuksessa oltiin todella maailman huipulla, ja välillä vaikutti, että amerikkalaiset halusivat tieten tahtoen jarruttaa oululaisten tulosten julkaisemista, etenkin American Welding Societyn jäsenlehdessä Welding Journalissa. Tämä tutkimus jatkui Veli Kujanpään (DI 1978, TkL 1982, TkT 1984) selvittäessä seuraavaksi erilaisten hitsausvirheiden syntyä austeniittisen ruostumattoman teräsohutlevyn ja putkien hitsauksessa (*Studies on weld defects in austenitic stainless steels*) ja Jouko Leinonen (DI 1976, TkL 1983, TkT 1987) hitsin tunkeumavaihtelun syitä. Vielä tämän jälkeen DI Lassi Myllykoski tutki ruostumattomien teräksien kuumasitkeyttä Outokumpu Oy:n Säätiön rahoituksella, mutta jatko-opinnot jäivät loppusinettiä vaille hänen siirtyessä Rautaruukin palvelukseen.

37

Nuoria metallioppineita neuvonpidossa vuonna 1978 kakun loputtua. Risto, Pentti, Tuure, ?, ja Veli.

Niilo Suutala kertoo muistikuviaan tutkimustyönsä teosta lähtökahvitilaisuudessaan joulukuussa 1981 (vasen). Väitöskahvit vuonna 1982, jossa pöydän ääressä myös opponentit Erkki Räsänen ja Jarl Forstén (oikea).

Veli Kujanpään väitöskahvit 19.6.1984. Vastaväittäjinä Hannu Hänninen ja Matti Kurkela sekä kustoksena Markku Mannerkoski (vasen). Jouko Leinosen väitöskahvit 29.06.1987. Vastaväittäjät Trevor Gooch TWI Cambridge'stä ja Niilo Suutala Outokummulta Torniosta, kustoksena PK (oikea).

Hitsausvirheiden syntyyn liittyen esitettiin useita konferenssiesitelmiä mm. Amerikassa, Japanissa, Englannissa, Suomessa jne. PK ja Kujanpää tekivät vuonna 1983 huhti–toukokuussa – niinpä vapun vietto tapahtui vaatimattomasti hotellissa New Yorkissa – yliopiston matka-apurahalla parin viikon pituisen Amerikan kiertomatkan osallistuen esitelmin American Welding Societyn (AWS) vuosikokoukseen Philadelphiassa sekä vierailivat mm. Rensselaer Polytechnics Institutessa Troy'ssa. Siellä he tapasivat professori Ernest F. Nippesin, joka A.E. Shaefflerin ja W.T. Delongin kanssa oli ruostumattoman teräksen tutkimuksen kuuluisia nimiä (vrt. Shaefflerin ja Delongin diagrammit hitsin deltaferriittipitoisuuden arvioimiseksi vuosilta 1949 ja 1973). Lisäksi Nippes oli yksi Gleeble-simulaattorin kehittäjistä ja sitä kaupallistavan Duffers-yrityksen perustajista vuonna 1957. Myös vanha professori W.F. Savage kävi lyhyesti paikalla. Nippesin tapaamisesta jäi erikoisuutena mieleen, että hän kertoi sen hetkisen suurimman projektin olevan kahden uuden pysäköintipaikan saaminen laboratorionsa lähelle. Myöhemmin kierto-matkalla tavattiin mm. varajohtaja W.T. DeLong sekä apulaistutkimus-johtaja Dr Damian Kotecki (Teledyne McKay) ja Tom A. Sievert (Alloy Rods Inc). Koteck'ista tuli myöhemmin kuuluisa ruostumattomien terästen hitsausmetallurgian ekspertti ja hän oli mm. AWS:n presidentti v. 2005-06. Kiertomatka jatkui vielä mm. Cornell ja Lehigh -yliopistoihin.

Tuohon aikaan metalliopin laboratorion hitsausmetallurginen tutkimus kiinnosti amerikkalaisia. Niinpä Dr John Vitek (25.–27.07.1984) sekä heti perään (29.–31.08.1984) professori **Stan David**, jotka olivat jo tuolloin kuuluisia ruostumattoman teräksen jähmettymisen tutkijoita, Oak Ridge

National Laboratory'stä (TN, USA), kävivät vierailulla. Hitsausmetallurgisten keskustelujen sekä saunassa ja Torniossa Outokummulla käynnin ohella Stan David kyseli selvästi hiukan huolissaan, miltä tuntuu asua niin lähellä kuin 200 km päässä Neuvostoliiton rajasta. Hän myös kertoi, kuinka hänenkin saavutuksensa arvioidaan joka vuosi kilpailun ollessa kovaa. Kuten aikaisemmin jo todettiin, Kujanpää vietti vuoden ajan (1984–85) Suomen Akatemian rahoituksella ORNL'ssa tehden hitsien suotautumis- ja kuumahalkeilututkimusta.

PK ja Veli Kujanpää AWS:n kokouksessa v. 1983 USA:ssa esitelmöimässä austeniittisen ruostumattoman teräksen hitsausvirheistä.

Professori Ernest F. Nippes työhuoneessaan Rensselaer Polytechnic Institute'ssa. Taululla vieraiden nimet.

Tutkimusaiheiden haeskelua 1980-luvulla

Hitsattavuus yhä esillä

1980-luvun loppupuolella selvitettiin diplomitöissä mm. Rautaruukin terästen ajankohtaisia kehityskohteita, ja eritoten niiden hitsattavuuteen liittyen. Esimerkkeinä näistä voidaan mainita: Pekka Kangas, *Monipalkohitsauksen vaikutus jäykän hitsiliitoksen muodonmuutoksiin* (1983), Ilkka Jumisko, *Matalahiilisten hienoraeterästen hitsattavuus* (1984), Olli Vähäkainu, *Pehmeän vyöhykkeen vaikutus erikoislujien terästen hitsausliitosten ominaisuuksiin* (1986), Juhani Asunmaa, *Teräsrakenteiden jäännösjännitysten mittausmenetelmät* (1987), Seppo Järvenpää, *Titaanimikroseostetun rakenneteräksen hitsausliitoksen ominaisuudet* (1987) ja Olli Kortelainen, *Kuumavalssatun nauhalevyn jäännösjännitystila* (1990).

Ruostumattomiin teräksiin liittyen tekivät tuolloin diplomityönsä mm. Hannu Sikanen ja Aale Grekula (jo 1980-luvun alkupuolella) sekä myöhemmin Tapani Hautamäki, Pentti Saxlund, Jorma Rukajärvi, Arto Pahkala ja Esa Kivineva. Kivineva lähti valmistumisensa jälkeen Amerikkaan Colorado School of Mines'iin. Ongelmaksi siellä tuli Suomen yksivaiheinen diplomi-insinööritutkinto, jota ei ymmärretty eikä hyväksytty Master-tutkintoa vastaavaksi, vaan hän joutui suorittamaan opinnot uudelleen (v. 1991). Kivineva väitteli hitsaustekniikan alueelta KTH:ssa Tukholmassa vuonna 2004 ollen sitä ennen mm. Lokomo Steels'in päämetallurgina.

Hitsaus oli myös tiiviisti mukana opetuksessa, vaikka PK ei ollut itse koskaan sitä opiskellutkaan. Hitsaustekniikan sekä -metallurgian yliopistoluentojen lisäksi PK antoi neljänä kesänä 1978–81 hitsaustekniikan opetusta Oulun teknillisessä opistossa, jossa pidettiin täydennyskoulutusta työttömille insinööreille. PK osallistui myös aktiivisesti Suomen hitsausteknillisen seuran (SHY) pääyhdistyksen sekä sen Oulun paikallisosaston toimintaan ollen pitkään paikallisosaston hallituksen jäsen sekä puheenjohtajakin vuosina 1984–87. Hän sai toiminnastaan SHY:n kultaisen ansiomerkin 20.05.2005. Jouko Leinonen sai sellaisen marraskuussa 2015.

Barkhausen-kohinamittaus

Jälkeenpäin katsoen 1980-luku ja varsinkin sen loppupuoli tuntuu ruostumattoman teräksen korkeatasoisen hitsausmetallurgisen tutkimuksen päättyessä ja tutkimusprojektien puuttuessa syvällisen metalli-

41

tutkimuksen kannalta melko hiljaiselta ja jäsentymättömältä kaudelta, jolloin ei oikein tiedetty, mihin kannattaisi ruveta. Kuitenkin PK ja Risto Rautioaho tekivät omana virkatyönään, ts. ilman ulkopuolista rahoitusta ja kiinnostusta tai apuvoimia, yhdessä sähkötekniikan osaston yliassistentti Markku Moilasen kanssa tutkimusta magneettisen Barkhausenkohinamittauksen käyttämisestä teräksen väsymisen havainnointiin sekä jäännösjännitysten mittaamiseen. Moilanen teki myöhemmin tästä aiheesta väitöskirjankin. Lisäksi hyvin spesifinen tutkimusmenetelmä, positroniannihilaatio, oli käytössä fysiikan professori Matti Karraksen ja hänen tutkijansa Tuula Judinin kautta väsymistutkimukseen.

Seppo Tiitto oli jo aikaisemmin tutkinut magneettista Barkausenkohinamenetelmää väitöstyössään (*On the influence of microstructure on magnetic transitions in steels*, 1977) ja aluksi esitettiin sen sopivan teräksen raekoon määritykseen, millä olisi ollut erittäin suuri merkitys. Kuitenkin pian tiedostettiin ongelmat tässä suhteessa ja sovelluksia ruvettiin etsimään hiukan toisaalta.

Aluksi PK:n ohjauksessa valmistuivat Pentti Kälkäisen (1979) ja Pirkka Nykäsen (1980) diplomityöt Barkhausen-kohinan käytöstä jäännösjännitysten mittaamiseen. PK:n tekemä ensimmäinen konferenssimatka liittyi tähän tutkimukseen, sillä hän osallistui lokakuussa 1982 Qual Test I Pittsburgh 82 -konferenssiin ja näyttelyyn Pittsburghissa USA:ssa. Esitelmän aiheena oli Barkhausen-kohinan käyttö työstön aiheuttamien jäännösjännitysten havainnointiin. Samalla matkalla hän vieraili Tiittojen luona Pittsburghissa sekä Ohio State University'ssä Columbuksessa, jossa tehtiin tutkimusta mm. NDT-menetelmiin liittyen.

Seppo ja Kirsti Tiiton perustama yritys Stresstech Oy ryhtyi valmistamaan Rollscan Barkhausen-kohinamittareita Muuramessa (nykyään Vaajakoskella) ja vuodesta 1983 myös Amerikassa American Stress Technologies Inc nimellä. Yritys menestyikin hyvin erityisenä käyttökohteena autojen karkaistujen kampiakseleiden ainetta rikkomaton tarkastus hionnan aiheuttamien pehmeiden kohtien varalta. Nykyään yritys kuuluu Stresstech Groupiin, millä on toimintaa Suomen ja Amerikan ohella Saksassa ja Intiassa, joskin Tiitot myivät firmansa jo vuosia sitten ja muuttivat lyhyeksi aikaa Neitsytsaarille. Materiaalitekniikan laboratorion Barkhausen-tutkimuksesta syntyi vuosikymmenen kuluessa 14 julkaisua.

Seppo ja Kirsti Tiiton kehittämä Barkhausen-kohinamenetelmää käyttävä Stresscan-laite Qual Test I näyttelyssä Pittsburghissa vuonna 1982.

Kuitenkin kaiken tämän tuloksena oli johtopäätös, ettei menetelmä sovellu käytännössä jäännösjännitysmittauksiin, sillä siinä havainnoidaan hyvin ohutta pintakerrosta. Lisäksi mittaustulokseen vaikuttavat lukuisat mikrorakennetekijät jännityksen ohella, joka on myös moniaksiaalinen. Myöhemmin tämän menetelmän käyttöä on selvitetty Suomessa uudelleen sekä Tampereen teknillisessä yliopistossa että Oulun yliopiston prosessi- ja ympäristötekniikan osastolla. Kohinasignaalin monipuolinen analysointi saattaa antaa uusia mahdollisuuksia erottaa noiden eri tekijöiden vaikutuksia toisistaan.

Mikroelektroniikan tutkimuskohteita

Toki muutakin tapahtui, sillä Risto Rautioaho tutki yhdessä mikroelektroniikan laboratorion kanssa tuolloin suurta innostusta nostattaneita korkean lämpötilan suprajohteita. VTT:n elektroniikan laboratorion kanssa selvitettiin matkapuhelimiin liittyen pintaliitoskomponenttien liitosten väsymistä vaihtuvan lämpötilan takia. Myöskin YAG-laserin käyttöä elektroniikan hienomekaniikassa tutkittiin VTT:n kanssa (TkT Jaakko Lenkkeri). Kuitenkaan muutamia julkaisuja lukuun ottamatta merkittäviä tuloksia ei näistä jäänyt.

Itä-Eurooppa tulee tutuksi

1980-luvulla PK teki Suomen Akatemian tutkijain vaihtostipendien rahoittamana useita matkoja tuolloin vielä suljettuun Itä-Eurooppaan, Puolaan ja Tshekkoslovakiaan, aina näiden vallankumousvuosiin saakka. Brnon teknillisessä korkeakoulussa dosentti Jan Zac kertoi, että hänen täytyy vierailun jälkeen raportoida, mistä vierailun aikana on keskusteltu. Myös hotellien antamat yöpymisleimat samoin kuin vaihdetun valuutan määrän raportointi olivat tärkeitä. Itse asiassa PK:lla oli tilaisuus olla myös paikan päällä sekä Gdanskissa että Brnossa ja myös Prahan kevään 1989 tapahtumissa, kun itäblokin avautuminen tapahtui. Gdanskin teknillisessä korkeakoulussa, minkä kanssa OY:llä oli molemminpuoliset viralliset vaihtosopimukset ja josta Oulussa kävi säännöllisesti useita vierailijoita, neuvoteltiin mm. vedenalaisesta hitsauksesta (Dr Wojciech Kielczynski), mutta varsinaiseen yhteistutkimukseen ei meillä ollut kiinnostusta. Tuohon aikaan matka Helsingistä Gdanskiin tapahtui kohtuullisen sujuvasti Polferriesin pienehköllä Pomerania-laivalla, joskin joskus myrskysäällä merisairauden puhkeaminen oli hyvin lähellä. Tshekkoslovakian tiedeakatemian Fysikaalisen metallurgian laitoksessa (professorit Petr Lukas ja **Jaroslav Polak**) Brnossa keskusteltiin heidän korkeatasoisesta erityisalueestaan, väsymistutkimuksesta. PK oli siitä yhä kiinnostunut, mutta sellaista ei tuolloin aloitettu uudelleen Oulussa. Professori Polak kävi Oulussakin 7.6.1984 viettäessään TTKK:ssa kuukauden ajan. PK muistaa, että Polakilla oli komea omakotitalo ja siinä viinikellari, mikä ei tuohon aikaan itäblokissa ollut tavallista. Esimerkiksi fysiikan opettajana Purkyne Universityssä Brnossa toimiva **Vladislav Navratil** asui vaimoineen appivanhempiensa omakotitalon yläkerrassa ja kasvatti takapihalla häkissä kaneja. Kesällä hän keräsi niille heinää teiden varrelta ja sai niistä lihaa syksyllä. Mielenkiintoista on, että reilun 25 vuoden jälkeen parisen vuotta sitten aloitettiin yhteistutkimus Jaroslav Polakin kanssa liittyen reversiokäsitellyn ultrahienorakeisen 301LN Cr-Ni teräksen väsymiskäyttäytymiseen, ja muutama yhteisjulkaisu on jo ilmestynyt. Polak on jäänyt jo eläkkeelle, mutta jatkaa entisessä ryhmässään tutkijana. Siis voidaan todeta, että kaikista hyvistä suhteista saattaa olla hyötyä, jos ei heti, niin sitten myöhemmin.

Professori Jaroslav Polak (vasemmalla) ja Dr J. Helesic, Institute of Physical Metallurgy (nykyisin Institute of Physics of Materials), The Czech Academy of Sciences, Brno, joskus 1980-luvun puolivälissä.

JOM-Institute Tanskassa

Eräs todella pitkäkestoinen yhteys liittyy myös professori **Osama Al-Erhayemiin**, (Helsingor Teknikum, Elsinore, Tanska), ja hänen perustamaansa JOM-instituuttiin (Joining of Materials). PK ja viime vuosina jotkut nuoret tutkijat hänen sijastaan osallistuivat JOM-konferensseihin säännöllisesti vuodesta 1989 (JOM-4) aina vuoteen 2013 (JOM-17) saakka. Konferenssit pidettiin joka toinen vuosi samassa ammattiyhdistysliikkeen omistamassa LO-Skolen koulutuskeskuksessa toukokuun alussa äitienpäivän aikaan. Koulutuskeskuksen golfkenttä oli jo tuolloin vihreä samaten kuin mustarastaiden laulu äänekästä. Näissä tapaamisissa tieteellinen taso ei ehkä ollut kovin korkea, mutta ilmapiiri kotoisa ja järjestelyt olivat omaa luokkaansa. Kohtalaisen kalliiseen osallistumismaksuun kuului täysihoito, mikä merkitsi kahvien lisäksi kolmea päivittäistä ateriaa, eli aamiainen ja lounas seisovassa pöydässä ja ruhtinaallinen päivällinen viinien kera. Lounaan seisova pöytä tarkoitti useampaa kuin 20 ruokalajia ja viinit enemmän juomaa kuin tarpeeksi. Tyypillistä konferensseille oli myös korkeatasoinen avausseremonia, johon osallistui vähintään yksi ministeri tai pormestari. Kerran mukana oli myös Tanskan prinsessa, jonka kanssa PK sai jutellakin kahvitilaisuudessa. Konferensseihin sisältyi myös yhden iltapäivän ekskursio lähiseudulle, eri vuosina eri paikkaan, mm. läheiseen Kronborgin (Hamletin) linnaan. JOM-instituutti julkaisi muutaman vuoden ajan myös omaa lehteään, mutta sen artikkelit jäivät melko vaatimattomiksi tasoltaan. Kun lehden tilanneita oli vähän, niin kustannussyistäkin lehti jouduttiin lopettamaan.

Kuten nimestä voi päätellä, Osama Al-Erhayem oli syntyään irakilainen. Hän oli opiskellut Rostokissa Itä-Saksassa (DDR) ja muuttanut sitten Tanskaan ja mennyt siellä naimisiin. Hän puhui sujuvaa saksaa ja englantia tanskan ja äidinkielensä lisäksi. Hän jos kukaan oli seuramies ja tunsi ison joukon itäeurooppalaisia ja neuvostoliittolaisia tutkijoita ja vaikuttajia. Al-Erhayem järjesti myös perhejuhlat konferenssin yhteyteen, niin omat syntymäpäivänsä kuin lastensa naimisiinmenon jms. Kuitenkin Tanska supisti oppilaitosverkostoaan joskus 1990-luvun lopulla, jolloin pieni laivanrakennukseen ja hitsaukseen erikoistunut Helsingør Teknikum suljettiin ja Al-Erhayem pantiin eläkkeelle melko nuorena. PK kirjoitti kirjeen tästä asiasta Tanskan kuningattarellekin, joka kyllä vastasi, mutta luonnollisesti kertoi, ettei hän voi asiaan vaikuttaa. Konferenssien järjestämisen jatkamista eläkkeelle joutuminen ei ole kuitenkaan haitannut ja JOM-19 on jo suunnitteilla. Viime kertoina osallistujien määrä on kuitenkin alkanut käydä melko vähäiseksi, ja he ovat lähinnä nuoria tutkijoita entisestä itäblokista.

Liikaa ruostumatonta
Kuten aikaisemmasta kävi ilmi, kaikki väitöstyöt lukuun ottamatta PK:n ja Seppo Tiiton työtä liittyivät 1970–80-luvulla ruostumattomiin teräksiin. Rautaruukin innovaatiotoiminnan neuvottelukunta esitti käydessään yliopistolla 23.01.1986, että tutkimusta kannattaisi suunnata ruostumattomista teräksistä mustiin teräksiin. Rautaruukkilaisten, kuten Peter Sandvik, Ilkka Sorsa ja David Porter, kanssa käytiin toistuvasti keskusteluja mahdollisista yhteisistä tutkimusaiheista. Eräs ajatus oli, että ruvetaan kasvattamaan haurasmurtumakoulukunta Ouluun, mutta eipä sitä silloin eikä myöhemminkään syntynyt. Myöskään tutkimusrahoitusta ei ollut lukuun ottamatta lyhytaikaista Rautaruukin tarjoamaa yliopistotutkija-vakanssia, jollaisella DI **Marja-Maija Riipinen** teki lisensiaatintyönsä (*Vedyn diffuusio ja varastoituminen teräksessä*, 1986). Tutkimus liittyi vedyn varastoitumiseen ja sen aiheuttamaan halkeiluriskiin Ruukin tiivistetyissä teräksissä, esim. emalointikäsittelyä silmälläpitäen. Kuitenkin tämä lisensiaatintyö jäi yksittäiseksi ponnistukseksi tällä rahoitus-muodolla.

46

Metallurgitäydennyskoulutus
1980-luvun lopulla metallurgeista oli kova puute eikä OY:ssa vielä ollut prosessimetallurgian eikä muokkaustekniikan opetusta. Tämän korjaamiseksi päätettiin järjestää Rautaruukin ja Outokummun tilaamana yliopiston täydennyskoulutuskeskuksen toimesta metallurgien erikoiskoulutus, mikä toteutettiin kahteen otteeseen vuosina 1989–91. Tämä hanke ei siis varsinaisesti liity materiaalitekniikan laboratorion toimintaan. Koulutukseen otettiin nuoria sopivien alojen diplomiinsinöörejä sekä opintojensa loppuvaiheessa olevia opiskelijoita ja he suorittivat professori Martti Sulosen, PhD David Porterin, TkT Jouko Härkin sekä vähäisemmässä määrin PK:n toimesta muokkaus- ja lämpökäsittelytekniikan, fysikaalisen metallurgian, prosessimetallurgian ja metallin tutkimustekniikan opintojaksot sekä tekivät metallurgiaan liittyvän diplomityön. Tällöin mm. nykyinen Outokumpu Stainless'in toimitusjohtaja **Hannu Hautala** valmistui materiaalitekniikan diplomiinsinööriksi (v. 1992). Ikävää oli, että toisen täydennyskoulutuskurssin valmistuessa vallitsi paha lamakausi, ja juuri koulutettujen metallurgien työllistymisessä oli vaikeuksia.

Toisenlaisessa koulutuskokeilussa muutamat opiskelijat siirtyivät pariksi vuodeksi TKK:hon suorittamaan prosessi- ja mekaanisen metallurgian opintoja. Näin valmistuivat mm. Mikko Ylitalo sekä Juha Seppälä prosessimetallurgian diplomi-insinööreiksi. Ikävää tällöinkin oli, että heidän valmistuessaan ei työpaikkoja kummiyrityksissä ollutkaan tarjolla. Tosin tämä mahdollisti heidän jatko-opintonsa materiaalitekniikan puolella ja mm. **Mikko Ylitalo** vietti tutkimusvuoden RWTH Aachen'issa Saksassa valmistellen ferriittisen ruostumattoman teräksen tekstuurista väitöskirjansa (1996). Sittemmin Ylitalo on toiminut pitkään Outokummun Tornion tehtaiden tutkimuskeskuksen johtajana. **Juha Seppälä** teki lisensiaatintyönsä termomekaanisen valmistuksen vaikutuksesta teräksen hitsausliitoksen muutosvyöhykkeisiin.

Tekes-hankkeet alkavat

Tekesin edustaja TkT **Raimo Pulkkinen** kävi 15.08.1988 materiaalitekniikan laboratoriossa PK:n luona kehottaen hakemaan Tekesin rahoitusta. Tämän seurauksena vuonna 1989 tapahtuikin merkittävä käänne materiaalitekniikan tutkimusrahoituksen suhteen, kun ensimmäinen Tekes-rahoitteinen hanke aloitettiin kumppaneina Outokumpu Polarit, Rauma ja Ahlström. Siinä selvitettiin mm. runsasseosteisen austeniittisen Cr-Ni-6%Mo teräksen hitsausta, erityisesti hitsiaineen pistekorroosionkeston parantamista typpiseostuksen avulla. Seppo Järvenpää ja Jouko Leinonen olivat hankeen tutkijoina. Tutkimus johti muutamaan julkaisuun, mutta myös teollisesti tärkeitä havaintoja tehtiin. Näiden seurauksena kaasuyhtiö Aga tuli kiinnostuneeksi typen seostamisesta suojakaasuun hitsin typpipitoisuuden nostamiseksi ja korroosionkeston parantamiseksi. ESAB:lla tultiin huolestuneeksi havaitsemastamme hitsauspuikkojen niobiseostuksen hitsiaineen iskusitkeyttä alentavasta vaikutuksesta. Kuitenkin tärkeintä oli Tekes-yhteyden avautuminen ja teollisuuden kiinnostukseen liittyvän projektitutkimuksen alkaminen uudelleen pitkän välikauden jälkeen.

Aika todella muuttui, sillä myöhemmin 1990-luvun lopulla ja 2000-luvun alussa saattoi olla yhtä aikaa 13 projektia meneillään. Tällöin yhdellä professorilla oli niissä melkoisesti huolehdittavaa, kun piti seurata kaikkien taloutta sekä kirjoittaa väli- ja loppuraportit. Varsinaisia projektipäälliköitä ei ollut käytössä, vain nuoria tutkijoita, joten professorin oli otettava vastuu. Ja tietenkin uusia projekteja piti suunnitella hyvissä ajoin ennen entisten päättymistä ja tehdä hakemuksia julkaisujen ohella. Ymmärrettävästi työtunteja ei kannattanut laskea ja viikonloputkin tarvittiin työasioihin.

Terästen termomekaaninen valmistus
1990-luvun alussa alkoi terästen termomekaaninen valmistus Raahessa, mistä tuli seuraava ja erityisen merkittävä kohde materiaalitekniikan terästutkimukselle Rautaruukin suuntaan. Tämä näkyy myös diplomityöaiheissa, joissa siirryttiin tuolloin termomekaanisten käsittelyjen kehittämiseen, esimerkkeinä Mark Cederberg, *Termomekaanisesti valssatun erikoislujan DQ-T HT80 teräksen hitsattavuus* (1990) ja Petteri Steen, *Termomekaanisen käsittelyn vaikutus teräslevyn mikrorakenteeseen ja ominaisuuksiin* (1991).

Termomekaanisen simulaattorin ja laboratoriovalssaimen lahjoitukset

Termomekaanisten käsittelyiden tutkimuksen aloittamiseksi PK haki rautaruukkilaisten Peter Sandvikin ja Aulis Saarisen aloitteesta Tekesiltä avustusta termomekaanisen simulaattorilaitteiston saamiseksi yliopisto-vetoisessa hankkeessa. Lähin tällainen laite oli tuolloin Tanskassa. Hakemus ei kuitenkaan mennyt sellaisena läpi, mutta kun hanke muutettiin teollisuusvetoiseksi tutkimukseksi, jossa teollisuus maksoi laitteiston (n. 1,2 Mmk v. 1991) ja Tekes rahoitti yliopiston tutkimustyötä kolmen vuoden aikana, se hyväksyttiin. Näin saatiin laboratorioon tuolloin moderni Gleeble 1500 -laite täysin ilman yliopiston rahoitusta. Kiitos Tekesin ja perusmetalliyritysten, kolmivuotisia Gleeblellä tehtäviä fysikaalista simulointia hyödyntäviä hankkeita rahoitettiin seuraavina vuosina hiukan eri nimisinä aina vuoteen 2009 saakka, jolloin FIMECC-SHOK ohjelmat alkoivat. Vuonna 2010 ostettiin uusi hinnaltaan noin 760 k€ Gleeble 3800 Rautaruukin, Outokummun ja yliopiston rahoituksen turvin. Vanha laite romutettiin vuonna 2014, kun siihen ei enää saanut päivityksiä. Tutkimus termomekaanisten käsittelyiden kehittämiseksi fysikaalista simulointia käyttäen jatkuu yhä.

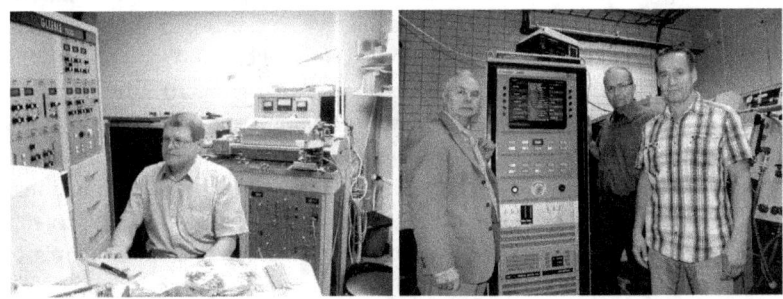

Operaattori Martti Korhonen ja Gleeble 1500 molempien ollessa vielä voimissaan (vasen). Uusi Gleeble 3800 asennettuna v. 2010. PK, käyttö-insinööri Juha Uusitalo ja laboratorioinsinööri Seppo Järvenpää (oikea).

Mielenkiintoisena sattumana voidaan mainita, että Rautaruukin laboratoriovalssain, jolla PK teki alumiinin ja Al-Si seoksen valssaukset diplomityöhönsä vuonna 1968, lahjoitettiin yliopistolle muokkaus-tekniikan professorina aloittaneen Pekka Mäntylän tutkimuslaitteeksi vuonna 1998. Valssain modernisoitiin ja se palvelee yhä hyvin teräs-tutkimusta. Nyt pienillä sylintereillä tehtyjen Gleeble-kokeiden jälkeen voidaan laboratoriovalssaimella suorittaa valssausta suuremmilla koekappaleilla. Samaten voidaan valmistaa koemateriaalia laajempaa rikkovaa aineenkoetusta varten.

Laboratoriovalssain nopeutetun jäähdytyksen laitteistoineen.

Vuosi 1991 olikin erityisen merkittävä materiaalitekniikan laboratoriolle uusien tutkimusvälineiden suhteen, sillä samana vuonna Gleeble 1500 - laitteen lisäksi saatiin myös Osprey-sulakerrostuslaitteisto – Rautaruukin omistamana, mutta sijoitettiin yliopistolle Tekes-rahoitteista kehitys-hanketta varten muutamaksi vuodeksi – sekä MTS 810 aineenkoetus-laitteisto (hinta yli 1 Mmk), jälkimmäinen yliopiston kalliiden laitteiden rahoituksen turvin. MTS on myöhemmin modernisoitu ja päivitetty ja se toimii erinomaisesti väsytyskoneena. Tutkimusvälineiden hankinnan suhteen voidaan todeta, että myöhemmin niitä ostettiin projekti-ylijäämän turvin sekä Terästutkimuskeskuksen aikana yliopiston myöntämällä infra-rahalla niin, että välineistö elektronioptiikan mikro-skoopit ja röntgenlaitteet mukaan lukien oli ja on nykyään hyvä, ja paremminkin on puutetta niiden osaavista käyttäjistä ja hyödyntäjistä.

Fysikaalinen simulointi ja kansainväliset yhteydet

Fysikaalisen simuloinnin parissa alettiin välittömästi rakentaa kansainvälisiä yhteyksiä eri puolille ja erityisesti Kiinan suuntaan Suomen Akatemian rahoittaessa Tekesin ohella tämän aihepiirin tutkimusta. Tärkeimpänä kohteena Kiinassa oli Harbinin teknillinen korkeakoulu (HIT), jonne PK tekemä ensimmäinen matka tapahtui lokakuussa 1991, sekä myös Pekingissä Central Iron and Steel Institute ja University Science and Technology Beijing. Kiinassa oli käytetty fysikaalista simulointia jo useita vuosia ja simulaattoreita, osin venäläisiä, oli eri puolilla maata 16 laitetta. Yleensäkin esimerkiksi Harbinissa oli monia erinomaisia tutkimuslaitteistoja maailmanpankin rahoituksella saatuina, kuten läpäisyelektronimikroskooppi ja diffuusiohitsausyksikkö. Täten tutkimusvälineet ei ollut siellä pullonkaula, enemmänkin kokemattomuus julkaisun kirjoittamisessa heikon kielitaidon lisäksi. Ensimmäisen Kiinan matkan seurauksena oli myös, että apulaisprofessori **Jitai Niu** HIT:stä työskenteli PK:n hankkiman Suomen Akatemian apurahan turvin vuoden ajan Oulussa (17.1.1993–31.1.1994) Gleeble-kokeiden parissa. Tässä yhteydessä PK kehitti jännitysrelaksaatiomenetelmän rekristallisaatioasteen määrittämiseen kuumamuokatussa austeniitissa. Myöhemmin tätä tehokasta menetelmää on käytetty jopa tuhansissa kokeissa, ja sen avulla luotiin regressiomalli austeniitin rekristallisaatiolle käyttäen yli 50 erilaista Rautaruukin terästä. Tämä lienee laajin aineisto maailmassa. Vuonna 1992 PK vieraili Kiinan tiedeakatemian Institute for Metals Research – laitoksessa Shenyangissa, josta pian tuli Dewei Tian tekemään väitöstyötään aiheenaan bainittisen teräksen muutosvyöhykkeen mikrorakenne ja iskusitkeys. Toinen pitempi Kiinan kiertomatka, jolla käytiin useassa yliopistossa reitillä Beijing, Xian ja Shanghai, tapahtui vuonna 1995. Shanghain yliopistosta tuli pian vierailijoita Ouluun. Säännöllinen kiinayhteistyö johti myöhemmin PK:n "honorary professor" –nimitykseen Harbinin teknillisessä korkeakoulussa (4.6.2000).

51

Professori Jitai Niu kahdella monista vierailuistaan Oulussa, vuonna 1998 sekä 2013.

PK käymässä Harbinin teknillisessä korkeakoulussa lokakuussa 1999. Professori Jitai Niu, Longxiu Pan sekä pitkä kiinalainen Leijian Sun (vasen). Kunniaprofessorinimitys Harbin Institute of Technology kesäkuussa vuonna 2000 (oikea).

Jitai Niu oli kasvanut aikakautena, jolloin Neuvostoliitolla oli voimakas vaikutus Kiinaan ja varsinkin sen pohjoisosassa kuten Harbinissa. Niu osasi venäjää, mutta hänen englanninkielen taitonsa oli melko heikkoa, varsinkin sen ääntäminen. Hän oli hyvin idearikas, yritteliäs ja seurallinen, mikä myöhemmin vaikutti siihen, että hänestä tuli mm. Venäjän tiede-akatemian jäsen, vaikka tieteelliset ansiot olivat ehkä vaatimattomat. Järjestelykykyjä ja innostusta kyllä riitti, sillä hän muun muassa organisoi International Conference on Physical and Numerical Simulation - konferenssisarjan, joista seitsemäs tilaisuus pidettiin Oulussa. Hän myös

52

perusti kansallisen simulointiseuran Kiinaan, jolla oli joka vuosi omatkin konferenssinsa, joihin osallistui useita satoja tutkijoita. Esitelmien aiheet saattoivat kyllä olla aivan muuta kuin simulointia, mutta kiinalaiset eivät ole tästä niin tarkkoja. Lisäksi Niu pani pystyyn International Federation on Physical and Numerical Simulation ja on sen Secretary General (v. 2013). Niu on vierailut vaimoineen Oulussa säännöllisesti, sillä hänen poikansa Longchuan Niu opiskeli TTKK:ssa elektroniikkaa ja oli sen jälkeen Tampereella Nokian leivissä. Niu on reilusti yli 70 vuotias, mutta yhä aktiivinen, joskin siirtynyt HIT:stä synnyinkaupunkinsa Henan Polytechnic University'iin. Niun tavoite oli tulla akateemikoksi, koska heidän ei Kiinassa tarvitse jäädä lainkaan eläkkeelle.

Pian solmittiin yhteydet myös terästen muokkauksen aikaisia ilmiöitä tutkiviin johtaviin länsimaisiin professoreihin **John J. Jonas**, McGill University, Montreal, sekä **Mike C. Sellars**, University of Sheffield, Sheffield. Heidän laboratorioissa PK teki torsiota ja plane-strain puristusta käyttäen simulointikokeita syksyllä 1993 ja keväällä 1994 ollessaan Suomen Akatemian varttunut tieteenharjoittaja. Nämä kuuluisat professorit olivat aloittaneet oman uransa jo 1970-luvun lopulla. Torsiossa on etuna, että kokeissa voidaan käyttää suuria myötymiä ja näin simuloida monipistoista valssaustapahtumaa. Ongelmina on deformaation epätasainen jakautuminen sauvan paksuussuunnassa sekä hankala lämpötilan mittaus koesauvasta. Nuoren tohtorin Terrence Maccagnon avustamana PK teki runsaasti kokeita "non-recrystallization" - lämpötilan määrittämiseksi useille Rautaruukin mikroseosteräksille. Samalla analysoitiin erkautumiskinetiikkaa ja sen vaikutusta staattisen ja dynaamisen rekristallisaation tapahtumiseen nauhan kuumavalssausta simuloivissa olosuhteissa. Seuraavan kesän aikana PK kirjoitti Jonas'en kanssa näiden kokeiden tuloksista julkaisun, jota on siteerattu melko paljon. Sheffieldin plane-strain kokeiden etuna oli suurten näytteiden käyttö, mutta hankaluutena kitkan pienentäminen MoS-maalin avulla ja sen huomioiminen sekä hidas lämpötilan muutos uunia käytettäessä. Saara Mehtonenhan teki siellä vastaavia kokeita väitöstyöhönsä muutama vuosi sitten Eric Palmierin ollessa yhdyshenkilönä.

Espanjassa San Sebastianissa CEIT –tutkimuskeskuksessa on kaksikin torsiolaitteistoa, ja sinne luotiin yhteydet jo COST-hankkeen aikana 1990-luvun alkupuolella. Valitettavasti ensimmäisistä isännistä professori J.J. Urcola menehtyi pyöräillessään vuoristossa auton yliajamana pian ensi tapaamisen jälkeen. Urcola oli kiinnostunut baskien ja suomen kielen mahdollisesta sukulaisuudesta. Kesällä 1994 DI Pekka Kantanen teki parin viikon vierailun CEIT:iin, jossa torsiokokein selvitettiin paljolti samoja asioita kuin PK:n kokeissa aikaisemmin McGilissä. Kantanen jatkoi kokeita vielä kuukauden ajan McGillissä vuonna 1995. Näitä tuloksia esiteltiin Jonas –symposiumissa (COM'2000) Ottawassa elokuussa vuonna 2000. CEIT:in ja samalla Navarran yliopiston professorit Isabel Gutierrez ja Beatriz Lopez ovat vuosien varrella olleet mukana useassa eurooppalaisessa yhteishankkeessa. Gutierrez toimi myös Jukka Kömin vastaväittäjänä ja Lopez Saara Mehtosen työn esitarkastajana. Professori Javier Gil Sevillano oli mukana RFCS-hankkeessa, jota liittyi TWIP-terästen valmistukseen ja ominaisuuksiin (2005–08).

San Sebastian on pienehkö hyvin kaunis kaupunki etenkin rannikkonsa takia ("La Concha" -lahti), jossa on järjestetty monia konferensseja ja projektikokouksia. Professori Sellarsilla oli tapana viettää siellä useita lomaviikkoja kesäisin, kuten monilla eurooppalaisilla "high societyn" jäsenillä.

Myös CENIM -instituutissa Madridissa on torsiolaite, jolla Dr Sebastian Medina ryhmineen on tehnyt pitkään tutkimusta mikroseosterästen erkautumisen ja rekristallisaatiokinetiikan vuorovaikutuksesta. Kun vastaavaa rekristallisaatiokinetiikkaa oli tutkittu Gleeble-puristuskokeilla pitkään myös materiaalitekniikan laboratoriossa, huomattiin tiettyjä tyypillisiä eroja näiden koemenetelmien tulosten välillä, mm. deformaationopeuden vaikutuksessa. Näitä eroja mietittiin ja analysoitiin yhdessä, joskin pääsemättä selkeään lopputulokseen.

Tutkijoita ja vierailijoita fysikaalisen simuloinnin parissa
Juha Perttula oli ensimmäinen väitöstyön tekijä fysikaalisen simuloinnin parissa. Perttula oli alun perin biofyysikko, originelli, innokas ja idearikas kaveri, mutta tuolloin työtä vailla, ja niinpä hän puhui itsensä materiaalitekniikan laboratorioon, suoritti paljon siltaopintoja ja oli mukana ensimmäisissä fysikaalisen simuloinnin projekteissa väitellen kuumamuokkauksen aikaisista ilmiöistä vuonna 1998. Hänellä oli monenlaisia sivukiinnostuksen kohteita, mm. ampuma-aseet sekä puukkojen valmistus (Damascus-teräs). Niinpä hän väiteltyään meni aluksi töihin pieneen Roselli Oy puukkofirmaan. Myöhemmin Perttula oli mm. TTKK:n valimotekniikan laitoksella, perusti Pohjanmaan Terästieto nimisen yrityksen puukkoteräksen valmistamiseen sekä työskenteli Ovakolla Imatralla.

Vuosien varrella lukuisa joukko ulkomaalaisia tutkijoita teki teräs-tutkimusta materiaalitekniikan laboratoriossa Jitai Niun lisäksi. Niminä pitempiaikaisista vierailijoista voidaan mainita Kristiina Oksman, Luleå University of Technology, Ruotsi (joka myöhemmin väitteli puu-komposiiteista ja on erittäin runsaasti siteerattu arvostettu professori Luulajan teknillisessä korkeakoulussa), Dr Tadao Ogawa, nuorena eläköitynyt Nippon Steelin ruostumattomien terästen tutkija, Japani, Reuben Morgridge, University of Ibadan, Nigeria, Vladislav Navratil, Purkyne (Masaryk) University, Brno, Tshekkoslovakia, Dewei Tian, Metal Research Institute-CAS, Shenyang, Kiina (väitteli täällä), Dr Xiaodong Liu, Kiina, professori Zuze Xu ja Dr Haiwen Luo, Centre for Iron and Steel Research, Peking, Kiina, Feng Zhao ja Longxiu Pan, Harbin Institute of Technology, Kiina (jälkimmäinen väitteli täällä), prof. George Kodjaspirov, St Petersburgh State University ja Roman Sulyagin, Izora Zavodsky/Severstal, Pietari, Venäjä (CIMOn apurahalla 3 kk, 2001), Erika Hudulova, Slovakia (nykyisin apulaisprofessori Slovak University of Technology in Bratislave), Dr Osvaldo Comineli, Universidad Federal do Espirito Santo, Vitoria, Brasilia, Dr Sveto Cvetkovski, Ss. Cyril and Methodius University, Skopje, Makedonia (työskenteli vuoden tutkimusprojektissa, nykyisin professori), Atef Hamada, Suez University, Egypti (väitteli), David Martin, Australia (väitteli), Dr Ludovica Rovatti, University of Tor Vergata, Rooma, Italia ja Puspendu Sahu, Jadavpur University, Kolkata, Intia. Myöskään ensimmäistä materiaalitekniikan laboratoriosta väitellyttä ulkomaalaista **Hongxue Zhang**'ia (Kiinan kulttuurivallankumouksen kokenut; väitteli 12.12.1994) ei pidä unohtaa, vaikka hänen tutkimuksensa tehtynä yhdessä sähkötekniikan osaston mikroelektroniikan ja materiaalifysiikan laboratorioiden kanssa ei koskenutkaan metalleja vaan keraamisten pietsosähköisten PZT paksukalvojen valmistusta ja ominaisuuksia.

Professori **Zuze Xu** ja hänen tutkijavaimonsa Yoqin Guo (Central Iron and Steel Research Institute, Peking) viettivät noin vuoden ajan (alkaen 22.11.1993) materiaalitekniikan laboratorion vieraina. Xu oli vieraillut aikaisemmin Ruotsissa KTH:ssa tutkien lujien Ti-seostettujen terästen suurella energialla hitsattujen liitosten muutosvyöhykkeen mikro-rakenteita ja iskusitkeyttä. Hänellä oli apuraha Kiinasta, mutta se oli niin pieni, ettei se oikein riittänyt niukkaankaan elämiseen, vaikka PSOAS:in opiskelija-asunto saatiin vuokrattua halvalla Linnanmaalta. Näin oli käännyttävä Oulun kaupungin puoleen, ja sen sosiaaliturvasta järjestyikin avustusta niin, ettei nälkään tarvinnut nääntyä. PK:lla on pari kiinankielistä julkaisua Welded Pipe and Tube -lehdessä Xu:n kanssa. Vierailun aikana Suomessa suhteet kehittyivät mm. Rautaruukin suuntaan niin, että palattuaan Pekingiin Xu:sta tuli joksikin aikaa Rautaruukin Kiinan toimiston konsultti tavoitteena myydä mm. masuuniteknologiaa Aasiassa. Kuitenkin Xu jäi pian eläkkeelle.

Professori Zuze Xu ja vaimonsa Yoqin Guo Linnanmaalla v. 1994.

Myös Pekingissä University of Science and Technology Beijing (USTB) oli jo 1990-luvun alussa Gleeble 1500. Siellä tutkimusta johti professori Zijiou Dang ja operaattorina oli Yan Zhang, joka oli saanut koulutusta Duffers'illa Troy'ssa USA:ssa. USTB:ssä tehtiin melko lailla vastaavaa tutkimusta kuin materiaalitekniikan laboratoriossa erityisesti terästen kuumasitkeyteen liittyen. Sekä Dang että Zhang kävivät myös Oulussa, ja monessa yhteisessä konferenssissa tavattiin ennen Dangin siirtymistä eläkkeelle.

Professori Zijiou Dang (oikealla) ja laboratorioinsinööri Yan Zhang USTB:n Gleeble 1500-laitteen edessä.

Virkistysretki yliopiston Oulangan tutkimusasemalle syyskuussa 1992, mukana Shuding Lin, Tadao Ogawa, Risto Rautioaho, Ulla Orava, Juha Seppälä, PK, Marja-Maija Riipinen, Tuure Miettinen, Lei Wei ja Hongxue Zhang.

Hongxue Zhang (etualalla) ja Dewei Tian. Juha Perttula Jitai Niun kanssa. Vladislav Navratil, Reuben Morgridge ja Wojciech Kielczynski kahvilla PK:n luona vapun aikaan v. 1991.

Reuben Morgridge (2001) ja Haiwen Luo (Oulussa 5.2000–8.2001). Roman Sulyagin (2001) ja George Kodjaspirov (2002) Pietarista.

Tadao Ogawa ja Jukka Kömi (1991), Zuze Xu ja Sasu (1994) ja Xiaodong Liu (1995–97).

Prof. Sveto Cvetkovski (2009). Makkaranpaistoa Tyrnävällä keväällä 2009. Sveto, Atef, Abdul, Walaa Omar ja Mahesh kyllä yrittävät (oikea).

Kuten luonnollista, kulttuurieroja esiintyy tyypillisten suomalaisten ja joidenkin ulkomaalaisten välillä. Kaikkien tiedossa on, että amerikkalaiset puhuvat aina ja lupaavat ystävällisesti vaikka mitä, vaikka eivät tosissaan tarkoita luvata mitään. Japanilainen ei voi sanoa ei, vaikka selvästi haluaisi. Hänen täytyy sanoa vain, että katsotaan, vaikka ei aio palata asiaan koskaan. Myöskään japanilainen vanhempi tohtori ei pidä siitä, että hänet pannaan istumaan nuoren kiinalaisen viereen henkilöautossa. Venäläiset puhuvat muokkauksen tuottamien dislokaatioiden ohella disklinaatioista ja dispiraatioista sekä fragmenteista, eli suuressa maassa on kehitetty oma sanastokin mm. hilavirheille.

Nigerialainen **Reuben Morgridge** vierailu Oulussa kahteen otteeseen, vuonna 1991, kun Gleeble oli juuri tullut, sekä jälleen v. 2001. Hän oli väitellyt valssauksen simuloinnista Manchesterissa Englannissa professori

Ronald Priestnerin ohjauksessa. Morgridge oli todellinen suurkaupungin kasvatti. Kun hänen kanssaan mentiin maalle kesämökille ja pantiin kumisaappaat jalkaan, totesi hän, että hänen mielestään on paljon mukavampaa, kun maata peittää betoni eikä varvut. Myöhemmin hän muutti poikansa Josefin kanssa sairaanhoitajavaimonsa luo Englantiin.

Osvaldo Comineli – väitellyt kuumasitkeydestä London City University'ssä professori Barrie Mintzin ohjauksessa – halusi nähdä Suomen talven ja saikin sen kokea. Heti Oulun lentoasemalla joulukuussa 2002 hänen saapuessaan myöhään illalla oli talven kylmin päivä, reilut -30°C. Hänellä oli vain lyhythihainen T-paita päällään, ja voi kuvitella niitä tunteita puolin ja toisin, kun lastasimme pimeässä ja tuossa pakkasessa hänen kanssaan autooni kaksi lasta, hänen vaimonsa sekä paljon tavaraa hänen ja minun lisäksi. Vastaanotto mahtoi vaikuttaa kylmältä vaikka oli lämpimäksi tarkoitettu. Mutta kävi selvästi ilmi, että brasilialaiset osaavat nauttia elämästä, eikä työ eikä etenkään aikataulu ole heille niin tärkeä. Kun tultiin syntymäpäiväkutsuille suomalaiseen tapaan tarkasti silloin kun oli kutsuttu, ei isäntäväki ollut vielä aloittanut edes valmisteluja. Mutta myöhemmin he kyllä tanssivat sambaa. Nyt yhteiset kuumasitkeys-tutkimukset ovat alkaneet uudestaan hänen uskoessa romusta jäävällä kuparilla olevan sulkeumissa merkittävä vaikutus "hot shortness" kuumasitkeyteen.

Osvaldo Comineli ja Tuure Miettinen (vasen). Nuoria tohtoreita Atef Hamada ja Longxiu Pan (oikea).

Tähän mennessä fysikaalista simulointia käyttäviä yhteisjulkaisuja – ja lähinnä terästen kuumavalssausvaiheeseen liittyen – on tehty noin kahdenkymmenen tutkimusryhmän kanssa kautta maailman, luku-määrällisesti eniten amerikkalaisten kanssa. Erityisesti kannattaa tuoda esille professori **Devesh Misra** (University of Lousiana at Lafayette, FL, vuodesta 2014 University of Texas at El Paso, TX, USA) tässä yhteydessä, sillä hän on erittäin aktiivinen julkaisujen kirjoittaja. PK on todennutkin, että kannattaa ottaa tutkimuskumppaniksi ahkeria kirjoittajia, jolloin välttyy itse tältä työläältä vaiheelta. Terästutkimuksen imagon kannalta FiDiPro professori **Anthony DeArdo**n (University of Pittsburgh, PA, USA) kolmen vuoden kausi 2008–10 Oulussa Tekesin rahoittamana oli tärkeä, sillä vaikka hän ei ole niinkään ahkera julkaisija, mutta hän tuntee teorian sekä terästutkimuksen yli 40 vuoden ajalta ja miten tehdä sillä rahaa. Eurooppalaista terästutkimusta hän kritisoi usein jo selvitettyjen asioiden tutkimisesta. DeArdo on innokas konferensseihin osallistuja, kun taasen Misra puolestaan ei niissä juuri koskaan käynyt. Tohtorikoulutettavat DI Anna Kisko ja Pasi Suikkanen vierailivat vastavuoroisesti neljän kuukauden ajan Pittsburghin yliopistossa DeArdon Basic Metals Processing Research Institute (BAMPRI) -tutkimuskeskuksessa.

Professori Anthony J. DeArdo
aloitti työnsä Oulussa
Terästutkimuskeskuksen FiDiPro-
professorina vuoden 2008 alussa.

"OULUN MAINE PUHUU PUOLESTAAN"

Professori Anthony DeArdo Oulun yliopiston pihalla PK:n kanssa v. 2008 ja luennoimassa ((Ilmiö, Oulun yliopiston liite, Kauppalehti 2008 sekä Aktuumi no 1, 2011, s. 16).

Professori Devesh Misra, University of Lousiana at Lafayette, seuranaan Dr Mahesh Somani (vasen). Pasi Suikkasen vastaväittäjät professori R.D.K. Misra, sekä tutkimusprofessori Isaac Garcia, University of Pittsburgh, v. 2009 (oikea).

Tarkasteltaessa Oulun yliopiston fysikaalisen simuloinnin tutkimusta ei voi unohtaa intialaisen PhD **Mahesh Somani**n arvokasta panosta todella uutterana tutkijana. Hän saapui vuonna 1999 vaimonsa Arunan ja 7 vuotiaan tyttärensä Juhin kanssa Ouluun, ensin vuoden kokeilukaudeksi virkavapaana Defence Metallurgical Research Laboratory'stä Hyderabadista Intiassa. Tämän kokeiluvuoden lopuksi hän lähti takaisin Intiaan todeten lentoasemalla, etteivät he tule takaisin.

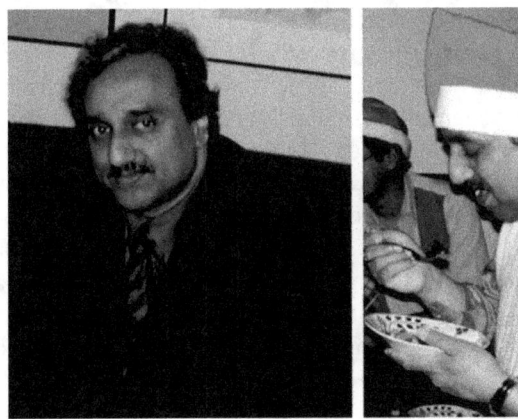
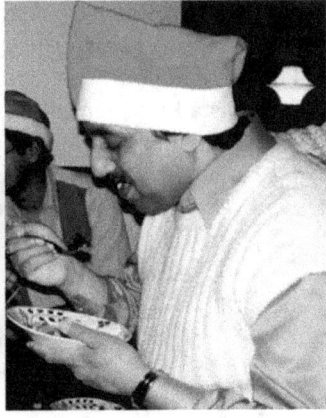

Dr Mahesh Somani on materiaalitekniikan tutkimuksen kantavia voimia.

Kuitenkin hän oli muuttanut pian mielipidettään ja palasi materiaalitekniikan laboratorion vanhemmaksi tutkijaksi ja on siitä lähtien viihtynyt paremmin tai huonommin, vaikka ei ole ehtinyt opetella suomen kieltä toisin kuin hänen vaimonsa ja tyttärensä. Myöskin ylenemismahdollisuuksien puute yliopistolla on tullut puutteena esille keskusteluissa useaan otteeseen. Mutta valon juhlaa Diwalia on juhlittu joka vuosi, sillä intialaiset tavat ovat syvällä hänen käytöksessään. Hänen vaimollaan Arunalla on tärkeä rooli maahanmuuttajien kotiuttamisen parissa Ouluun. Juhi tytär väittelee pian Aalto-yliopistossa bioinformatiikan alalta.

Fysikaalinen simulointi teräskehityksessä

Rautaruukin osalta fysikaalinen simulointi liittyi siellä tehtyyn kehitystyöhön lujien erikoistuotteiden valmistamiseksi termomekaanisia käsittelyjä käyttäen. Gleeble-laite soveltuu hyvin tarkasti kontrolloitujen kokeiden tekemiseen pienillä koekappaleilla. Näin voitiin hakea nopeasti ja edullisesti valssausolosuhteiden vaikutuksia mikrorakenteeseen ja tätä kautta teräksen ominaisuuksiin. Laboratoriovalssaukset mahdollistivat myös saavutettujen ominaisuuksien määrittämisen standardin mukaisten veto- ja iskukokein. Näissä tuloksissa tuotiin esille matalan valssauksen lopetuslämpötilan, erityisesti austeniitin rekristallisaatiolämpötilan alapuolella tehdyn muokkauksen edullinen vaikutus niin lujuuteen kuin iskusitkeyteen.

Nopeutettu jäähdytys mahdollisti siirtymisen hienorakeisesta oleellisesti ferriittisestä mikrorakenteesta ensin bainiittisiin teräksiin ja myöhemmin jopa suorasammutettuihin martensiittisiin teräksiin. Näin teräksen myötörajaluokkaa on kasvatettu ensin 355 MPa:sta 500 MPa:iin, sitten 960 MPa:iin ja nyt aina 1100 ja jopa 1300 MPa:iin saakka. Martensiittisten lujien ja kulumista kestävien terästen ohella on viime vuosina tutkittu ns. kolmannen sukupolven "Advanced High Strength Steels", kuten Quenching and partitioning (Q&P) prosessin käyttämistä myötölujuudeltaan vähintään 1100 MPa teräksen valmistamiseen, jolla on hyvä iskusitkeys ja kohtuullinen venymä. David Porter ja Jukka Kömi Rautaruukilta olivat keskeisesti mukana näissä hankkeissa. Myös autoteollisuuden DP, TRIP ja CP -terästen (esim. TS800 CP) valmistusreitin parametrien ja mikroseostuksen merkitystä selvitettiin simulointikokein onnistuneesti Rautaruukin Hämeenlinnan tehtaan toimeksiannosta, eritoten TkT Pasi Peuralle ja DI Päivi Tammiselle.

Tietokonemallinnus ei ole ollut suurella osuudella materiaalitekniikan laboratorion tutkimuksissa – jonkin verran Pekka Mäntylän vetämissä muokkaustekniikan hankkeissa David Martinin ja Juha Pyykkösen töissä –

62

mutta yksinkertaisia regressiomalleja on kehitetty valmistusolosuhteiden ja mikrorakenteen välille. Kun eri hankkeissa laadittiin noita malleja, ja niitä löytyi myös kirjallisuudesta, eräässä vaiheessa haluttiin koota ne yhteen on-line/off-line tyyppiseksi malliksi ja liittää se Rautaruukin prosessiin, jotta sitä voitaisiin käyttää tehtaalla teräksen tuotannon suunnittelussa ja valvonnassa ja pienentää siten ominaisuushajontaa (hanke: Osku - Ominaisuusmallien soveltaminen kuumavalssauksessa, 2003–04). Yliopiston malli päättyi ferriitin raekokoon ja eri faasien osuuksiin mikrorakenteessa, mutta Paavo Ruha Rautaruukilla liitti malliin neuroverkkopohjaisen osan, mikä pystyi laskemaan teräsnauhan pituussuuntaisen myötö- ja murtolujuuden sekä venymän toteutuneen valmistusohjelman perusteella – kuvaus mallista: P. Tamminen et al., *System for on/offline prediction of mechanical properties and microstructural evolution in hot rolled steel strip*, Ironmaking and Steelmaking, 34, (2), 2007, 157–165). Malli implementoitiin Rautaruukin tietoverkkoon, mutta sen käyttö jäi vähäiseksi. Terästutkimuskeskuksessa professori **Juha Röningin** Biomimetic and Intelligent Systems -ryhmän matemaatikot (mm. TkT Ilmari Juutilainen ja Satu Tamminen) ovat laatineet hyvin kehittyneitä matemaattisia malleja valmistusolosuhteiden ja teräksen ominaisuuksien välille.

Outokumpu Oy:n Säätiön rahoitus

Suurella tyydytyksellä ja kiitollisuudella voidaan tuoda esille, että vuosina 1992–99 tehtiin useita ruostumattomiin teräksiin liittyviä tekniikan lisensiaatintöitä Outokumpu Oy:n Säätiön rahoituksen turvin (mm. Jukka Kömi, Timo Kauppi, Joni Koskiniemi ja Pasi Juntunen). Säätiö periaatteensa mukaisesti tuki jatko-opintoja kolmen vuoden ajan, ja ajoittain oli yhtä aikaa kolmekin jatko-opiskelijaa tällä tavoin rahoitettuna, eikä hakemusten teko vaatinut hirveitä ponnisteluja. Sen sijaan Oulun verotoimiston kanssa oli ajoittain ongelmia apurahojen verotuskäytännön suhteen. Outokumpu Oyj:n Säätiö myönsi myös "vuoden professori" tunnustuksia merkittävän apurahan kanssa – PK sai sellaisen vuonna 2004 ja Pekka Mäntylä vuonna 2006.

Metallurgian kansallinen tutkijakoulu

PK:n hakemana vuonna 1998 onnistuttiin saamaan OPM ja Suomen Akatemian rahoittama kansallinen tutkijakoulu myös metallurgian alueelle. Tässä tutkijakoulussa oli 12 tohtorikoulutuspaikkaa. Koululla ei ollut palkattua koordinaattoria, ja PK toimi johtoryhmän puheenjohtajana TkT Veikko Heikkisen Rautaruukilta ollessa sihteeri ensimmäisessä neljän vuoden jakson (v. 1998–2001). Muun muassa professorit John Jonas ja Mike Sellars vierailivat luennoitsijoina tutkijakoulussa – luennot yhdistettiin PohTOn seminaariin – ja yhtenä aktiviteettina Oulussa järjestettiin fysikaalisen simuloinnin kurssi. Tämän jälkeen toteutettiin vielä kolme nelivuotista koulutusjaksoa TTKK:n ja TKK:n koordinoimina, joissa OY oli myös mukana 1–2 tutkijapaikan osalta. Pekka Nevasmaa, Risto Laitinen ja Saara Mehtonen väittelivät tämän tuen avulla. Tutkijakoulun johtoryhmään kuului aina useita teollisuuden edustajia ja tohtorikoulutettavien aiheet liittyivät läheisesti suomalaiseen teollisuuteen, joskin viimeisinä vuosina ulkomaalaisten tutkijakoulutettavien lukumäärä kasvoi eikä heidän väitöstyönsä aihe välttämättä liittynyt ainakaan perusmetalliteollisuuden tarpeisiin. Suomen Akatemia lakkautti tämän rahoitusmuodon v. 2013, minkä jälkeen yliopistot ovat perustaneet omia tutkijakouluja, Oulussa UniOGS sekä ADMA. Viimeisenä vaiheena FIMECC Oy:n BSA- ja Hybrids-ohjelmiin on perustettu oma tavoitteellisesti johdettu teollisuuden tutkijakoulu (FIMECC Breakthrough Materials Doctoral School), jossa on 30 tohtorikoulutuspaikkaa. Täten edellytykset terästutkimuksen tohtorien määrän lisäykseen ovat erinomaiset.

Professori John Jonas ja johtaja Aulis Saarinen Rautaruukin tiloissa Sotkamossa Jonaksen tutkijakouluvierailun aikana v. 1999. Myös professori Mike Sellars kävi tutkijakoulussa ja PohTOssa luennoimassa vuonna 2000.

Rautaruukin ja Outokummun rooli

Oulun yliopiston terästutkimukselle on ollut merkittävää perusmetalli-yritysten Rautaruukki ja Outokumpu sekä Tekesin pitkäkestoinen rahoitus. Näiden yritysten rooli oli aivan ratkaiseva sekä Gleeble 1500 että Gleeble 3800 simulaattoreiden saamisessa. Periaatteessa kilpailu yliopistojen välillä ulkopuolisesta rahoituksesta kiristyi vuosien varrella, mutta termomekaaniset käsittelyt ja niiden soveltaminen sai hyvin tukea. Erityinen kiitos varsinkin viime vuosien osalta kuuluu Rautaruukin (nykyinen SSAB Europe) tuotekehitysjohtajalle TkT **Jukka Kömille**, joka järjesti rahoitusta ja usein jopa tarjosi sitä, unohtamatta myöskään Outokummun ja Outokumpu Oy:n Säätiön panostuksia. Täten rahoituksen hankintaan ei tarvittu kovin suuria ponnistuksia, vaan pääpanostus voitiin suunnata itse tutkimuksen tekemiseen. Niinpä näiden yritysten, Tekesin, EU:n (ECSC/RFCS) ja Suomen Akatemian rahoittamana kertyi parin vuosi-kymmenen aikana erittäin laaja tieto- ja kokemuspohja terästen termomekaanisista käsittelyistä ja niiden hyödyntämisestä uusien lujien erikoisterästen valmistuksessa. Hankeluettelo on lopussa liitteenä. Ilolla voidaan todeta, että tuki on jatkunut FIMECC-SHOK –ohjelmissa sekä hiiliterästen että ruostumattomien terästen suhteen.

"Oulun yliopisto tärkein tutkimuskumppanimme"

J. Rantanen: Tärkeää, että elinkeinoelämän ja yliopistojen vuorovaikutusta tiivistetään.

Outokummun toimitusjohtaja Juha Rantasen lausunto. (Raija Tuominen, Aktuumi no 1, 2009, s. 26).

Outokumpu ja Rautaruukki tekivät suurimman lahjoituksen 2 x 200 k€ yliopistorahastoon

"lahjoitustuottoa suunnataan terästutkimusta tukevaan toimintaan" S. Heikkilä: Aktuumi 1/09, s. 25

Johtajat Markku Koljonen ja Peter Sandvik Rautaruukista sekä johtajat Pekka Erkkilä ja Niilo Suutala Outokummusta luovuttivat lahjoituksensa Oulun yliopistorahastoon rehtori Lauri Lajuselle 5. syyskuuta. Tilaisuuteen osallistuivat myös yhtiöiden kanssa pitkään yhteistyötä tehneet teräsalan professorit Jouko Härkki ja Pentti Karjalainen.

Rautaruukin ja Outokummun lahjoituksen luovutustilaisuus taustana uuden Gleeble-simulaattorin hankinta (S. Heikkilä, Aktuumi no 1, 2009, s.25).

Yhteistyö Rautaruukin kanssa jatkui (vasen: Raija Tuominen, Globaali yritys tarvitsee globaalit kumppanit, Aktuumi no 2, 2008, s. 10, oikea: Heidi Kurvinen, Teräsalumnien verkosto toimii pohjoisessa, Aktuumi no 3, 2006, s. 24).

Julkaisuja ja opinnäytteitä

Projektien ja jatko-opintojen tutkimustulosten pohjalta on valmistunut suuri määrä niin konferenssiesityksiä kuin artikkeleita aikakausilehtiin, ja ilahduttavasti viime vuosina kasvavassa määrin, eli noin 20–25 julkaisua vuodessa, ennätysvuonna 2014 jopa 34. Useimmissa julkaisuissa on ollut mukana myös ulkomaalaisia tutkijoita.

Diplomitöitä, joissa fysikaalisella simuloinnilla oli merkittävä osuus, valmistui useita. Tekijöinä olivat mm. Petteri Steen, Timo Kauppi, Joni Koskiniemi, Tero Oittinen, Asko Kujanpää, Antti Pesonen, Feng Zhao, Pekka Kantanen, Mari-Selina Luttinen, Mikko Hemmilä, Timo Salo, Hannu Korhonen, Kaisu Sivonen, Jyrki Välikangas, Pekka Ukonmaanaho, Jarmo Tarkka, Pasi Leiviskä, Tero Rasmus, Sami Heikkilä, Sakari Tihinen, Ari Hirvi, Kimmo Keltamäki, Esko Kinnunen, Ilari Alamattila ja Anna Kisko. Erikseen voidaan mainita, että Tero Oittisen diplomityö mikroseostakoteräksen kuumasitkeydestä tehtiin Ovakolle Imatralle (v. 1993). Valitettavasti muutoin Ovakon/Imatra Steelin osuus Gleeblen käytössä jäi melko vähäiseksi, lähinnä eräiden CTT -diagrammien tilaamiseen.

Gleeble-laitteen ja kuumamuokkausolosuhteiden vaikutusten selvittelyn parissa tekivät lisensiaatintyönsä mm. Jukka Kömi (1992) duplex-teräksen kuumamuokattavuudesta, Petteri Steen (1993) termomekaanisesta valssauksesta, Juha Seppälä (1993) koostumuksen ja termomekaanisen käsittelyn vaikutuksesta hitsin muutosvyöhykkeisiin, Timo Kauppi (1993) 17Cr ferriittisen ruostumattoman teräksen kontrolloidusta valssauksesta ja Joni Koskiniemi (1995) 12Cr-teräksen kuumavalssausprosessista. Koskiniemen työ tehtiin yhteistyössä etelä-afrikkalaisen Pretorian yliopiston kanssa, jossa Koskiniemi teki tutkimusta yhden vuoden. Antero Tamminen (2002) tutki rekristallisaatiokontrolloitua valssausta lisensiaatintyössään ja Heidi-Marja-Liimatainen (2003) mikroseostuksen vaikutusta jatkuvavaluaihion kuumasitkeyteen Gleeblellä in-situ kokein.

Fysikaalisen simuloinnin parissa väitöstyön tekivät aikaisemmin mainitun Juha Perttulan (1998) lisäksi Jukka Kömi (2001) ruostumattomien duplex-terästen kuumamuokattavuudesta, Longxiu Pan (2004) voimakkaan muokkauksen käyttämisestä ferriitin raekoon hienontamiseen, Risto Laitinen (2006) TMCP terästen hitsin muutosvyöhykkeen mikrorakenteista ja iskusitkeydestä, Atef Hamada (2007) TWIP-terästen kuumamuokkauksesta ja ominaisuuksista, Pasi Suikkanen (2009) bainiittisten lujien terästen valmistuksesta ja mekaanisista ominaisuuksista sekä Saara Mehtonen (2014) ferriittisen ruostumattoman 21Cr-teräksen kuumamuokkauksesta. Gleeble-tutkimuksen ulkopuolella Pekka Nevasmaa (2003), joka oli valmistunut Lappeenrannan teknillisestä korkeakoulusta ja oli töissä VTT:llä Espoossa, teki lisensiaatin- ja väitöstyönsä OY:n materiaalitekniikan laboratorioon lujien terästen hitsiaineen ja muutosvyöhykkeiden rakenteista sekä vedyn ja hitsausparametrien vaikutuksen arvioinnista hitsiaineen kylmähalkeiluriskiin. Hän sai vuoden parhaan väitöstyön palkinnon OY:lta vuonna 2004.

Ulkomaalaisia vastaväittäjiä käytettiin säännöllisesti. Mietteliäitä professoreja (Nobuta Yurioka ja Horst Cerjak) kustoksen (PK) ohella Pekka Nevasmaata kuuntelemassa 15.11.2003.

Yhteistyötä tehtiin myös pienemmän yrityksen Materials Technology Oy:n kanssa Tampereelle (tilaajina DI Mikko Kumpula ja TkT Jari Liimatainen). Tero Oittinen teki sinne lisensiaatintyönsä *Alumiinin painevalumuottimateriaaliksi soveltuvan maraging-teräksen kehittäminen* (2001). Myöhemmin Metso Oyj osti tuon yrityksen ja vuosina 2009–14 FIMECCin DEMAPP Wear -hankkeessa haettiin Metsolle sulakerrostustekniikalla valmistettujen runsaasti kromikarbidia sisältävien työkaluterästen kuumataontaprosessiin muokkauslämpötiloja Gleeble-simuloinnein.

Vielä voidaan mainita, että hitsaukseen, vaikkakaan ei fysikaaliseen simulointiin liittyen, PK osallistui myös alumiinin teknisten ominaisuuksien asiantuntijana Kvaerner Masa Yardsilla tapahtuneeseen nesteytetyn maakaasun (LNG) kuljetukseen tarkoitettujen laivojen paksuseinäisten Al-5%Mg levystä valmistettujen pallotankkien valmistustekniikan kehitystyöhön. Tästä työryhmälle Matti Heinäkari, Jukka Gustafsson ja Ari Sipilä myönnettiin Suomalaisen insinöörityöpalkinto vuonna 1997 (Kaleva 20.05.1997). Matti Heinäkari on konetekniikan osaston kasvatteja, joskaan ei varsinainen materiaali-insinööri.

Kansainväliset tutkimushankkeet

Luettelo materiaalitekniikan tutkimushankkeista on liitteenä.

Eräs merkittävä vaihe terästutkimusrahoituksen suhteen avautui vuonna 1995 Suomen liittyessä jäseneksi Euroopan Unioniin, jolloin tuli mahdolliseksi osallistua Hiili- ja teräsyhteisön (ECSC myöhemmin RFCS) tutkimushankkeisiin. Oulun yliopisto oli ensimmäinen suomalainen yliopisto, joka pääsi välittömästi mukaan ECSC-projektiin "*Low Nickel Austenitic Stainless Steel with Elevated Pitting Corrosion Resistance*" (v. 1996–98), mikä toteutettiin yhdessä espanjalaisen Acerinox S.A. teräsyrityksen, italialaisen Centro Sviluppo Materialia (CSM) tutkimusinstituutin sekä espanjalaisen yliopiston Universidad Complutense de Madrid kanssa. Itse asiassa tätä projektia edelsi jo kansainvälinen COST 512 hanke *Integrated simulation of multipass hot rolling* (v. 1994–96; tutkijat Juha Perttula, Pekka Kantanen ja Xiaodong Liu), jota Suomen osalta rahoitti Tekes ja kumppaneina olivat Mefos, CEIT ja CSM. Toinen pienehkö hanke oli ruotsalaisten kanssa toteutettu Jernkontoretin koordinoima JK4022 *Egenskaper hos höghållfastlegerade stål* (1995-96). Siitä lähtien materiaalitekniikan laboratorio osallistuikin jatkuvasti ECSC-RFCS –hankkeisiin, jotka liittyivät kuumavalssauksen simulointiin tahi ruostumattomien terästen ominaisuuksiin (v. 2014 mennessä oli toteutettu 11 ECSC-RFCS-hanketta, ja seuraava alkanut). Itse varsinaisiin puiteohjelmiin menoon eivät rahkeet kuitenkaan riittäneet eikä esim. Anthony De Ardolle tehty ERC-hakemus mennyt läpi.

Lisäksi voidaan mainita Tekes – NSF (USA) yhteishanke (v. 2004–06) liittyen metastabiilin austeniittisen ruostumattoman teräksen raerakenteen hienontamiseen muokkausmartensiitin reversion avulla. Amerikasta mukana olivat professori **Paulo Ferreira** ja hänen intialainen väitöstyön tekijänsä Shreyas Rajasekhara, University of Texas at Austin ja Oulun yliopistosta Pasi Juntunen ja Mahesh Somani sekä yrityksinä Outokumpu Stainless, Outokumpu Distribution, LaserPlus and Sanmina-SCI Enclosures. Rajasekhara teki projektissa väitöstyönsä viettäen yhden kesänkin Oulussa. PK oli hänen vastaväittäjänsä tilaisuudessa, mikä toteutettiin videoyhteyden kautta, PK Oulussa, tiedekunnan jäsenet Austinissa. Tämän hankeen jatkona kokeiltiin suorakaideputken nurkkien reversiokäsittelyä teollisena sovelluksena induktiokuumennusta käyttäen Outokummun vetämässä Tekes-rahoitteisessa Ultraputki-projektissa v. 2007–09. Prosessi näytti toimivan kohtuullisesti, vaikka nurkkien martensiittipitoisuudet olivat melko matalia. Kuitenkin putkenvalmistaja

Oy OSTP Ab päätti lopettaa muovattujen putkien valmistuksen, joten menetelmä jäi hyödyntämättä. Reversiotutkimus jatkui FIMECC-Light - hankkeena (v. 2009–14) ja on tuottanut erittäin runsaasti julkaisuja ja yhteyksiä eri puolille maailmaa, mm. USA:han ja Iraniin, mutta teollinen läpimurto tältä käsittelyltä yhä puuttuu.

Vuosina 2003–06 toteutettiin Rautaruukin ja brasilialaisen Niobium Product Companyn rahoituksella laajahko kaksivaiheinen hanke ultra-lujien matalahiilisten niobia sisältävien bainiittisten terästen kehittämiseksi. Oulussa simuloitiin valmistusreittejä sekä selvitettiin erityisesti näiden terästen mikrorakenteiden ja mekaanisten ominai-suuksien välistä riippuvuutta DI **Pasi Suikkasen** ollessa päätutkijana. Suikkanen käytti projektissa saamiaan tuloksia väitöstyössään *Development and processing of low carbon bainitic steels* (2009). Vaativiin mikrorakennetarkasteluihin osallistui myös Ruotsista KIMAB:lta puola-lainen tohtori Stanislaw Zajac.

Myös pohjoismaista yhteistyötä tehtiin mm. Luulajan teknillisen yliopiston kanssa (professorit **Mats Oldenburg** ja **Lars-Erik Lindgren**) hankkeissa, joissa tohtorikoulutettava Luulajassa kehitti matemaattisia malleja terästen käyttäytymiseen esimerkiksi kuumaprässäyksen (hot stamping) yhteydessä ja Oulussa määritettiin Gleeble-kokeilla terästen korkean lämpötilan materiaaliominaisuuksia näitä malleja varten. Tällä tavoin Luulajassa valmistui useita väitöskirjoja, joissa Oulun osallistu-minen on kiitoksin tuotu esille.

Gleeblellä toteutettiin myös pelkkiä tilaustöitä materiaalimalleja varten, esimerkiksi jännitys-venymäkäyrien määrityksiä korkeissa lämpötiloissa sekä relaksaatiokokeita, useille yrityksille ja tutkimuslaitoksille, kuten Ovako, SSAB, Sandvik, Gestamp HardTech ja Volvo Aero Ruotsissa, sekä Tenaris-Dalmine ja CSM Italiassa. Huolimatta Italian vahvasta byro-kratiasta sopimusten ja laskujen suhteen yhteistyö sujui erityisen hyvin CSM:n tohtorin Juan Bianchin kanssa parin vuosikymmenen ajan useissa projekteissa, myös yhteisjulkaisujen muodossa. Mutta nyt hänkin on jäänyt eläkkeelle. Byrokraattisin yhteistyökumppani taisi kyllä olla Argentiinan atomivoimaministeriö.

Terästutkimuskeskus (CASR) syntyy ja toimii

Fysikaalinen metallurgia (materiaali- ja muokkaustekniikka) ja prosessi-metallurgia kuuluivat teknillisessä tiedekunnassa eri osastoihin, minkä takia ajoittain jopa virallisesti kansallisissa työryhmissä käytiin keskusteluja niiden yhdistämisestä ja oman osaston muodostamisesta. Pienen osaston kilpailukyky opiskelijoista ja rahallisista resursseista kuitenkin arvelutti, eikä toimenpiteisiin ryhdytty. Myös Metallinjalostajat ry:n hallituksen taholta oli esitetty huoli metallurgian alan huippuyksikön puuttumisen johdosta. Niinpä 10 tammikuuta 2006 pidetyssä perustamis-kokouksessa päätettiin professori Jouko Härkin aloitteesta perustaa uusi yksikkö Oulun yliopistossa tehtävän terästutkimuksen ja -opetuksen koordinoimiseksi ja tehostamiseksi. Kokouksen No 5 (31.10.2006) päätöksen mukaisesti esitettiin yliopiston hallitukselle tutkimusohjelma-statuksen myöntämistä yhteenliittymälle Centre for Advanced Steels Research (CASR), suomeksi Terästutkimuskeskus. Tämä ehdotus hyväksyttiin ja yliopistoon muodostettiin virallisesti joulukuussa 2006 tutkimusohjelma, eräänlainen sateenvarjo-organisaatio vahvistamaan teräkseen liittyvää poikkitieteellistä tutkimusta, alan koulutusta sekä teollisuuden kanssa tehtävää yhteistyötä Suomessa. Yhteenliittymän visiona oli saavuttaa tunnustettu kansallinen ja kansainvälinen tutkimuksen huippuyksikköasema terästeollisuuden toiminta-alueella.

Terästutkimuskeskukseen kuului aluksi kuusi laboratoriota ja sitä johti näiden laboratorioiden esimiehistä koostuva epävirallinen johtoryhmä, jonka puheenjohtajana toimi Jouko Härkki eläkkeelle siirtymiseensä saakka, mikä tapahtui maaliskuussa 2010. Tämän jälkeen PK on hoitanut puheenjohtajan tehtäviä. Keskuksen toiminnanjohtajana oli professori **Timo Fabritius** oman toimensa ohella. Lisäksi muodostettiin tukiryhmä, jonka jäseniksi kutsuttiin edustajat perusmetalliyrityksistä, Tekesistä sekä Metallijalostajat ry:stä.

Keskuksen muodostaminen ei kuitenkaan käytännössä muuttanut siihen kuuluvien laboratorioiden toimintaa, sillä mitään erillistä rahoitusta Terästutkimuskeskus ei saanut. PK haki jo vuonna 1996 Terästutkimus-keskukselle Suomen Akatemian huippuyksikön statusta. Tällä hake-muksella päästiin jopa toiselle arviointikierrokselle, mutta loppujen lopuksi ei saatu tätä ankarasti kilpailtua tunnustusta ja siihen liittyvää rahoitusta huolimatta "summary rate 5/5" arviosta.

Vuonna 2010 uuden yliopistolain astuessa voimaan OY määritteli strategiassaan paino- ja kehittämisalansa ja tällöin terästutkimuksesta tehtiin siihen kehittämisala, minkä jopa sanottiin kuuluvan painoalaan "Ympäristö, luonnonvarat ja materiaalit". Tämä merkitsi teräs-tutkimuksen tärkeyden virallista arvottamista ja yliopiston tahtotilaa sen kehittämiseksi. Käytännössä tämä kehittämisalastatus merkitsi, että saatettiin hakea vuosittain myönnettävää infra-rahaa uusien tutkimus-välineiden hankintaan. Terästutkimuskeskus onkin saanut joka vuosi yhden tai jopa kaksi noin sadan tuhannen euron määrärahaa, joilla tutkimuslaitteistoja on uudistettu niin, että niiden tasoa voi pitää hyvänä huomioiden myös käytettävissä olevat monipuoliset elektroni-mikroskoopit ja röntgendiffraktiolaitteet Mikroskopian ja nanotekno-logian keskuksessa. Tämän lisäksi Terästutkimuskeskukselle myönnettiin 100 k€ vuosittainen toimintaraha. Tällä voitiin vihdoin palkata mm. osa-aikainen toiminnanjohtaja, joksi kutsuttiin vuoden 2012 alusta pitkään Rautaruukilla työskennellyt eläkkeellä oleva TkT Veikko Heikkinen. Myös tutkimusseminaareja voitiin rahoittaa tällä rahalla.

Vuosien varrella Terästutkimuskeskukseen liitettiin pari uutta yksikköä ja eräiden organisaatiomuutosten jälkeen se käsitti vuonna 2014 seitsemän tutkimusryhmää. Täten keskus kattaa koko teräksen valmistuksessa tarvittavan osaamisen sulasta metallista teräksen ominaisuuksien hallintaan valssatuissa tuotteissa päätyen terästuotteiden valmistamiseen konepajassa huomioiden myös taloudelliset näkökohdat tuotantotalou-den kautta.

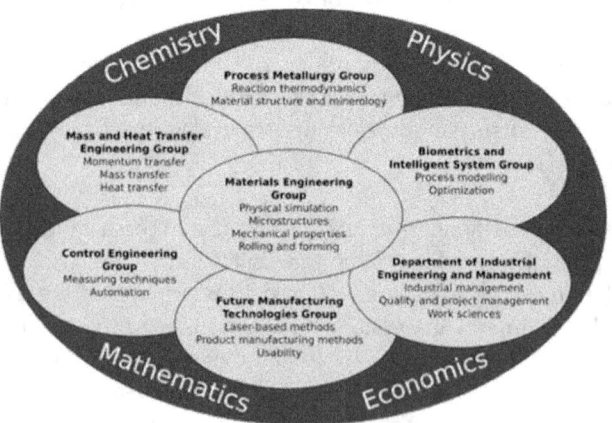

Terästutkimuskeskuksen tutkimusryhmät v. 2014.

72

Kuitenkin vuoden 2015 alusta terästutkimuksen ei katsottu enää olevan kehittämisala, vaan kuuluvan em. materiaalit-painoalaan. Tämän seurauksena erillistä toimintarahaa ollut enää käytettävissä, joten ulkopuolista toiminnanjohtajaa ei voitu palkata 30.6.2015 jälkeen.

Terästutkimuksen laadun arviointeja
Yliopiston järjestämässä kansainvälisessä arvioinnissa RAE 2013 Teräs-tutkimuskeskus muodosti kolmen tutkimusryhmän konsortion CASR-RC vidi-tasolla (so. lähellä kansainvälistä kärkeä oleva yksikkö). Arvioinnissa CASR-RC sai erittäin positiivisen sanallisen arvion, mutta numeerinen arvosana 4/6 oli pettymys. Selviä heikkoja kohtia ei arvioinnissa tuotu esille, mutta kuten yleisemminkin OY:n osalta, tarvitaan lisää korkea-tasoisia kansainvälisiä julkaisuja arvostetuissa aikakausilehdissä, enemmän tohtoreita ja lisää tutkijainvaihtoa. Aikaisemmassa RAE-arvioinnissa (v. 2007) materiaalitekniikkaa ja prosessimetallurgiaa moitittiin turhan läheisestä yhteistyöstä teollisuuden kanssa, jolloin ajankohtaisten ongelmien ratkaiseminen vie resurssit pitemmälle tähtäävästä "blue sky" -tyyppisestä tutkimuksesta. Aktiviteettia kehotettiin suuntaamaan terästen ulkopuolellekin.

Kansainvälisiä konferensseja
Terästutkimuskeskuksen merkittävänä ponnistuksena järjestettiin vuonna 2013 kansainvälinen konferenssi *The 7th International Conference on Physical and Numerical Simulation of Materials Processing* (ICPNS'13) PK:n toimiessa konferenssin puheenjohtajana. Tämä oli ensimmäinen kerta tämän konferenssisarjan historiassa, kun se järjestettiin Kiinan ulko-puolella, mitä voidaan pitää tunnustuksena Oulun yliopistossa tehdylle simulointitutkimukselle PK:n ja professori Jitai Niun henkilökohtaisten pitkäaikaisten suhteiden ollessa myös painava vaikuttaja. Osallistujia saatiin 24 maasta noin 200 ja mukana olivat useimmat terästutkimuksen kuuluisat gurut J.J. Jonas (täytti 80 vuotta tuolloin), H. Bhadeshia, P. Hodgson, A. DeArdo, J. Sietsma, H. Dong jne. M. Sellarskin oli tulossa mukaan, mutta menehtyi suruksemme keuhkosyöpään hiukan ennen konferenssia. Kiinalaisia tuli yli 50, kyllä paljolti Jitai Niun ansiosta. Sanomalehti Kalevakin huomioi konferenssin otsikoimalla, että "Teräsmies toi kiinalaiset" (17.06.2013). Toisaalta yllättäen kävi ilmi, että kiinalaiset haluavat yhden vapaapäivän konferenssin aikana, ja kun sellaista ei ollut ohjelmassa, heitä lähti bussillinen omatoimisesti joulupukkia tapaamaan kesken konferenssin. Tyypillisesti kiinalaisille,

73

suuri joukko halusi myös kiertokäynnin Ruotsiin ja Tanskaan konferenssin jälkeen, mikä kuitenkin oli tiedossa ja järjestettiin jo etukäteen. Konferenssin jälkeen osa ulkomaalaisista osanottajista vieraili joulupukin luona virallisen post-conference tour puitteissa.

ICPNS-tapahtuma oli toinen kerta, kun metalliopin/materiaalitekniikan toimesta järjestettiin kansainvälinen konferenssi. Edellinen tapahtui kesäkuussa 1983, eli tasan 30 vuotta aikaisemmin. Tämä tilaisuus oli *The 3rd Scandinavian Symposium on Materials Science*, jossa osallistujia oli noin 80 tutkijaa 7 maasta (42 esitelmää), mukana mm. rehtori Markku Mannerkoski ja Sir **Robert William Kerr Honeycombe**. Erityisesti tamperelaiset yrittivät saada tämän pohjoismaisen symposiumin pysyväksi järjestelmäksi, mutta kiinnostusta sen järjestämiseen ei oikein muualta löytynyt.

Sir Robert Honeycombe Cambridgen yliopistosta ja Markku Mannerkoski The 3rd Scandinavian Symposiumin in Materials Science tauolla v. 1983.

ICPNS´13 osanottajia ryhmäkuvassa kesäkuussa 2013 hotelli Lasaretin pihalla.

PK osallistui myös The 6th European Stainless Steels Conference – Science and Markets tilaisuuden järjestelyihin. Tämä konferenssi pidettiin Helsingissä kesäkuussa 2008 ruotsalaisen Jernkontoretin (TJ Elisabeth Nilsson, Jernkontoret ja Prof. **Staffan Hertzman**, Outokumpu Foundation) kantaessa huolen itse järjestelyistä ja PK:n toimiessa Scientific Committeen puheenjohtajana vastaten paljolti tieteellisestä ohjelmasta. Johtaja **Jorma Kemppainen** Outokummulta oli mukana järjestely- toimikunnassa, ja itse asiassa hän oli henkilö, joka hankki tilaisuuden Suomeen. Oulua pidettiin kuitenkin liian kaukaisena paikkana Helsinkiin verrattuna, minkä vuoksi konferenssi meni sinne. Merkittävää tämän tapahtuman suhteen oli, että se tuotti melkoisesti voittoa, joka jaettiin puoliksi Jernkontoretin ja PK:n kanssa. PK järjesti oman osuutensa niin, että Outokumpu Foundation teki 30.000 euron lahjoituksen Oulun yliopiston lahjoitusvaroihin kohdentaen sen ruostumattoman teräksen tutkimukseen. Valtio antoi tuolloin osuutenaan lahjoitussumman 2,5 kertaisena, joten kokonaisuudeksi kertyi 105.000 euroa. Tämän rahan tuotosta ei kuitenkaan ole tullut yliopistolta palautetta.

FIMECC-SHOK terästutkimus

Tekesin teknologiaohjelmat, joita rahoitettiin pitkään, liittyivät paljolti teräksen valmistuksen alkuvaiheisiin (esim. SULA-ohjelmat) eikä niistä ollut suurta antia materiaalitekniikan tutkimukselle, prosessimetallurgialle paremminkin. Poikkeus oli viimeinen ohjelma NewPro – Uusiutuva metalliteknologia – uudet tuotteet 2004–2009, jossa materiaalitekniikallakin oli osuus lukuisissa pienehköissä projekteissa (DYPROS, LUJARAP, MIS-MATCH, UKRA, FERRI, FERRAK, ULTRAPUTKI, ELUSITER). Merkittävä muutos tapahtui vuonna 2009, kun Tekes päätti lopettaa teknologiaohjelmat ja Suomeen perustettiin valituille alueille strategisen huippuosaamisen keskittymät eli SHOKit. Yksi keskittymistä on Kone- ja metalliteollisuuden SHOK eli FIMECC Oy. FIMECCin kautta Tekes alkoi rahoittaa viisivuotisia ohjelmia ja niinpä vuoden 2009 loppupuolella lähtivät liikkeelle mm. LIGHT (Light and Efficient Solutions), DEMAPP (Demanding Applications) ja ELEMET (Energy and Lifecycle Efficient Metal Processes) -ohjelmat, joissa CASRin budjetin osuus oli kokonaisuudessaan yli 10 M€. Tämä oli tietenkin merkittävä panostus Oulun terästutkimukselle ja teki hyvää myös sen imagolle. Näiden ohjelmien päättyessä vuonna 2014 aloitettiin uusi ohjelmakausi, jossa CASRin osuus SIMP- ja BSA-ohjelmissa on samaa suuruusluokkaa. Näin terästutkimuksen tuen pääosa näytti turvatulta pitkälti eteenpäin, kunnes vuonna 2015 Sipilän hallitus päätti supistaa 30%:lla Tekesin rahoitusta, mikä uhkaa lopettaa SHOKien rahoituksen vuoden 2016 loppuun. Täten paine uusien tukilähteiden löytymiseen ja ulkomaisen rahoituksen lisäämiseen on kasvussa.

FIMECCin ELEMET-, DEMAPP- ja LIGHT-ohjelmien loppuraportit ovat julkisesti saatavilla, ja niissä on kuvattu myös projektien hyödyt ja yhteistyön sujuvuus, joten niitä ei tässä toisteta. Ohjelmia pidettiin kuitenkin hyvin onnistuneina.

PK osallistui aktiivisesti FIMECCin ensimmäisen kauden toimintaan Breakthrough materials-teeman johtoryhmässä, LIGHT- ja DEMAPP-ohjelmien Programme Management Committeessa sekä neljässä LIGHT, DEMAPP ja ELEMET -ohjelmien projektien ohjausryhmässä. Niinpä hänelle myönnettiin FIMECC Fellow No 1 tunnustus vuoden 2013 lopulla.

Metallitutkimuksen reunaehdot

Yliopistotutkimus on perustutkimusta ja siksi periaatteessa vapaata tutkijoiden saadessa toteuttaa ideoitaan kiinnostuksensa mukaisesti ajattelematta tulosten taloudellista merkitystä ja hyödynnettävyyttä. Valitettavasti tai ehkäpä onneksi tämä ei pidä (enää) paikkaansa, vaan tutkimusaiheiden valintaan vaikuttaa ulkopuolisen rahoituksen saaminen ja siten varsinkin tekniikan puolella yritysten kiinnostus olla mukana hankkeissa ja niiden rahoituksessa. Viime kädessä tämä tarkoittaa usein Tekesin asiantuntijoita ja päättäjiä. Tähän liittyy kiristyvä kilpailu rahoituksesta, mikä toisaalta pakottaa tekemään tehokkaasti – rahoittajan ja hyödyntäjän mielestä – mahdollisimman korkeatasoista tutkimusta projektiaikataulun puitteissa. Kilpailun käytännön seuraus on myös erikoistuminen eli tehtäväjako. Ei kannata yrittää tehdä sitä, missä joku toinen on jo hyvin osaava, vaan on edullisempaa suunnata osaamistaan alueille, joissa menestyminen on helpompaa. Todellisen osaamisen hankkiminen kestää vuosia tai vuosikymmenen, joten kovin pikaisia muutoksia ei myöskään kannata tehdä. Yliopistoja kehotetaan profiloitumaan, määrittelemään strategiset tutkimusalueensa, joilla he haluavat olla maailman kärkeä. Toisaalta tämä on viisastakin pienessä maassa ja resurssien ollessa hyvin rajalliset. Materiaalitekniikan osalla tällaista tehtäväjakoa suunniteltiin ja tehtiin käytännössäkin jo vuonna 1999 Tekes-rahoitusta silmälläpitäen määrittelemällä tutkimusprofiilit ja osaamisalueet, teknologiapyramidit, kaikissa teknillisissä yliopistoissa. Näitä tarkasteltiin jälleen muutama vuosi sitten tekniikan alan korkeakoulujen yhteistyöneuvotteluissa TKK:n (Aalto-yliopiston) **Simo-Pekka Hannulan** ja TTY:n **Veli-Tapani Kuokkalan** kanssa (raportti annettiin lokakuussa 2012). Oulun yliopiston materiaalitekniikassa, kuten sen historiasta voi päätellä, terästutkimus on aina ollut merkittävässä roolissa ja siinä se uskottavasti tulee pysymään pitkälle eteenpäinkin. Toivottavasti metalli- ja konepajateollisuus pysyy kilpailukykyisenä ja innovatiivisena, jotta se pystyy tukemaan tätä tutkimusta tulevaisuudessakin, kuten se tähän saakka on kiitettävästi tehnyt. Toisaalta tutkimuksen tehtävä on edesauttaa tätä kykyä ja hyvät tulokset antanevat myös halua siihen.

Mitä hyötyä yliopistotutkimuksesta

Usein esitetään kysymys, mitä hyötyä yliopistolla tehdyllä tutkimuksesta on ollut teollisuudelle. Oulun yliopisto on julistautunut tiedeyliopistoksi, jonka eräs päätehtävä on suorittaa korkeatasoista tieteellistä perustutkimusta. Perustutkimuksen määritelmä taasen on, että se on tutkimusta, jolla ei ole tekohetkellä tiedossa sovelluskohdetta. Täten yliopiston tutkimuksesta ei kai tarvitsisikaan olla, ainakaan lyhyellä tähtäimellä, suoranaista hyötyä yrityksille. Vararehtori Heikki Ruskoaho totesi (Aktuumi No 2, 2008), että *"Ulkopuolisen rahoituksen osuuden kasvaessa on oleellista, että yliopiston tutkijat päättävät myös jatkossa siitä, mitä tutkitaan. Tutkimuksen pitää olla laadullisesti korkeatasoista. Yliopisto ei voi olla yrityksen tuotekehitysyksikkö."*

Oulun yliopiston materiaalitekniikan ja myös prosessimetallurgian tutkimusta on arvioitu pariin kertaan Oulun yliopiston tutkimuksen arvioinneissa sekä myös Suomen Akatemian tieteenalan arvioinneissa. Kaikissa näissä tuli esille ulkomaalaisten akateemisten arvioijien esittämä kriittinen mielipide, että täällä tehty tutkimus on kyllä korkeatasoista mutta liian lähellä soveltavaa tutkimusta ja teollisuuden ajankohtaisten ongelmien ratkaisemista, mikä on omiaan pitemmällä tähtäimellä näivettämään sekä yliopistotutkimusta että teollisuuden kehittymistä. Myös amerikkalainen FiDiPro väitti ja korosti, että heillä säätiöt lahjoittavat varoja tutkimukselle, mutta eivät kerro, mitä sillä pitäisi tehdä, joten professori voi vapaasti käyttää rahat haluamallaan tavalla. Näinhän ei todellisuudessa ole Suomessa.

Kuinka paljon tämä näkyy tutkimuksen erilaisessa suuntaamisessa ja laadussa, on kuitenkin hyvä kysymys. Joka tapauksessa meiltä paljolti puuttuu teoreettinen tutkimus ja esimerkiksi kehittyneiden mallien luominen tulosten ollessa valitettavasti usein sarja taulukoita ja havaintoja tehtyjen kokeiden perusteella. Yleisemmät tulokset ja etenkin johtopäätökset paljolti puuttuvat. Toisaalta teollisuusrahoitteisessa ja -lähtöisessä tutkimuksessa teollisuuden odotukset ovat konkreettisissa testausarvoissa, joilla on kiire ja joita joissain tapauksessa ei saa edes julkaista. Tällöin lähestytäänkin yrityksen testauslaboratoriota. FIMECC -tutkimus on teollisuuslähtöistä mutta pitemmälle tähtäävää, joten siinä periaatteessa tehdään syvempää tutkimusta, joskin teollisuusyritysten strategisista toiveista lähtien. Teollisuuden rahoituksesta päättäjät tiedostavat nykytilanteen ja muutoksia käytännössä on odotettavissa teollisuuden tutkijakoulujen ollessa yksi askel tähän suuntaan. Myös tutkijoiden täytyy kuulua UniOGS:iin, joten ohjattuihin jatko-opintoihin pakotetaan.

Metallijalostusyritysten kannalta Oulun yliopiston antama tutkijakoulutus perusopinnoissa diplomi-insinööreille ja jatko-opinnoissa tuleville tohtoreille ei liene vähäarvoista, varsinkin kun töiden aiheet ja sitä kautta valmistuneiden osaaminen liittyvät läheisesti teollisuuden tarpeisiin, ja ainakin valmiudet teollisuuden tutkimustehtäviin pitäisi heillä olla hyvät. Metalliopin ja materiaalitekniikan laboratorioissa on tehty parisensataa diplomityötä, 25 lisensiaatintyötä ja tohtoreita on 19. Luettelot metalliopista/materiaalitekniikasta valmistuneista ovat tämän historiikin lopussa. Rautaruukki (nykyinen SSAB Europe) ja Outokumpu ovat rekrytoineet valmistuneista diplomi-insinööreistä merkittävän osan ja Rautaruukilla on neljä materiaalitekniikan tohtoria sekä Outokummulla kaksi.

Jukka Kömi kuuntelee loppulausuntoa väitöksessään. Vastaväittäjät professorit Isabel Gutierrez University of Navarra-CEIT-IK4 ja Veli Kujanpää Lappeenrannan teknillisestä yliopistosta.

Teräskehityksen lyhyt historia

Lopuksi hiukan metallioppia terästen osalta erittäin tiivistetysti. 1960-luvulla levy- ja nauharakenneteräkset, kuten Fe37 ja Fe52, olivat ferriittisperliittisiä C-Mn teräksiä, joiden hiilipitoisuus oli käytännössä vähän alle 0,2%. Näitä seurasivat jatkuvavaletut hienorae- eli mikroseosteräkset heti Rautaruukin terästuotannon alkaessa 1960-luvun loppupuolella. V, Nb ja/tai Ti -mikroseostuksen avulla saatiin normalisoinnissa ferriitille hieno noin 10 μm raekoko, mikä nosti lujuutta ja paransi iskusitkeyttä. Seuraavassa vaiheessa 1980-luvulla hitsattavuuden ja iskusitkeyden parantamiseksi laskettiin rakenneterästen hiilipitoisuutta noin 0,08–0,1%:iin ns. perliittivapaissa mikroseosteräksissä.

1980-luvun loppupuolella tiedostettiin ja hyödynnettiin käytännössä teräsnauhan nopeutettu jäähdytys, jolloin ruvettiin puhumaan "vesiseostuksesta". Suuremman jäähtymisnopeuden seurauksena mikrorakenteessa esiintyi ferriitin ohella lujempia faaseja bainittia ja martensiittia (tietenkin lämpökäsiteltäviä nuorrutusteräksiä oli jo 1960-luvulla), ja näiden faasien sälekoon ollessa hieno, myös teräksen iskusitkeys saatiin hyväksi. Kontrolloitu valssaus sisältäen erityisesti matalan lopetuslämpötilan, jossa mikroseostettu austeniitti ei enää rekristallisoidu, yhdistettynä nopeutettuun jäähdytykseen tuli käyttöön 1990-luvun alkupuolella ja lopulta sitä seurasi Rautaruukilla 2000-luvun alussa suorasammutus. Suorasammutetut erikoislujat erikoistuotteet ovat tämän päivän korkeatasoinen tuote. Tästä kehitystyöstä eräille ruukkilaisille myönnettiin vuoden insinöörityöpalkintokin v. 2012. Tämän paljolti valmistustekniikan kehityksen myötä rakenneterästen myötöraja on noussut 250 MPa:sta 1300 MPa:iin, eli noin viisinkertaiseksi. Samalla iskusitkeys ja hitsattavuus ovat jopa parantuneet laihan seostuksen myötä. Suurlujuusteräksen särmättävyys on eräänä tärkeänä konepajakäyttöominaisuutena joskus ongelmakohde, minkä syytä **Antti Kaijalainen** piakkoin valmistuvassa väitöstyössään on tutkinut.

Vaikka autoteollisuus ei ole ollut kovin merkittävä asiakas litteille tuotteille, autoteollisuuden nauhateräkset DP, TRIP ja CP ovat viime vuosikymmeninä olleet myös kehityksessä mukana. Näissä lujuuden ohella sitkeys ja muovattavuus ovat tärkeitä ominaisuuksia. Mikrorakenteen ja ominaisuuksien optimointi perustuu valmistusreitin tarkkaan hallintaan, mihin suhteellisen monivaiheisen prosessin fysikaalinen simulointi on antanut oman hyödyllisen panoksensa.

Austeniittisille ruostumattomille teräksille tehty hitsausmetallurginen tutkimus 1970–80-luvuilla oli tieteellisesti korkeatasoista ja sillä oli myös selkeä käytännön tavoite. Myöhemmin 1990-luvulla osallistuttiin pitkään ferriittisen ruostumattoman 12Cr teräksen kehittämiseen ja osoitettiin pehmeän martensiittisen mikrorakenteen erinomainen iskusitkeys sen hitsiliitoksissa. Muutoin ferriittiset ruostumattomat teräkset ovat olleet syklisesti esillä, ensi kertaa 1990-luvun alussa (esim. 17Cr-teräs), mutta sitten uudelleen vasta vuodesta 2009 alkaen kehitettäessä korkeampikromisia (21Cr) teräksiä DEMAPP-ohjelman puitteissa. Tässä yhteydessä voidaan uusimpana mainita Saara Mehtosen väitöstyö 21Cr-teräksen kuumamuokkauksen aikaisista ilmiöistä (*The behavior of stabilized highchromium ferritic stainless steels in hot deformation*, 2014). **Severi Anttilan** valmistumisvaiheessa oleva väitöstyö käsittelee ferriittisten ruostumattomien terästen hitsattavuutta.

Outokummun Tornion tehtaiden erityisenä vastuualueena on ollut austeniittisten ruostumattomien terästen valmistusprosessin kehitys, ja tähän liittyi aikanaan mm. maailman ensimmäisen RAP-linjan käyttöönotto. Tähän valmistustekniikan kehitykseen on osallistuttu esimerkiksi termomekaanisten käsittelymahdollisuuksien simuloinnin kautta. Myös austeniittisissa ruostumattomissa teräksissä lujuuden merkitys on kasvanut erityisesti ajoneuvosovelluksissa ja niitä ruvettiin muokkauslujittamaan (temper-valssaus) matalan myötörajan nostamiseksi. Viime vuosina raekoon hienontaminen reversiokäsittelyllä austeniittisissa metastabiileissa teräksissä, mm. matalanikkelisissä Cr-Mn laaduissa, on ollut laajan tutkimuksen kohteena ja siitä on kirjoitettu useita kymmeniä julkaisuja, mutta kaupallistamista sille ei ole vieläkään tehty. **Anna Kiskon** valmistumassa oleva väitöstyö koskettaa tätä aihetta. **Antti Järvenpään** väitöstutkimus kohdistuu mm. nopeisiin laserilla suoritettaviin reversiokäsittelyihin ja näiden tuloksena saatavaan hyvään väsymiskestävyyteen.

Terästutkimukselle eikä sen tarpeelle ole loppua näkyvissä, joten se voinee jatkua ainakin seuraavat 50 vuotta.

Yhteistyöstä kiittäen:

Ekskursiolla Ruukilla

ja päivällisellä ekskursion jälkeen.

Tilastoja: tutkimushankkeita

Kanvainvälisiä tutkimusprojekteja

- Precipitation in High-Mn Steels (RFSR-CT-2010-00018), (Thyssen Krupp Steel Europe, Arcelor Mittal, CEIT, KTH, RWTH, University of Glasgow, OY), 2010–14.
- New Advanced Ultra High Strength Bainitic Steels: Ductility and Formability (RFSR-CT-2008-00021), (CENIM-CSIC, Luleå UT, Gestamp HardTech, Linde, Rautaruukki, OY), 2007–11.
- Novel Rolling Methods for Advanced High Strength Steels (RFS-PR-07017), 2008–11.
- High Velocity Forming of Steel Sheets and Tubes for Applications in the Automotive Industry (RFSR-CT-2006-0006), (Labein, Acerinox, Swerea-Kimab, Ilva, VoestAlpine Stahl, OY), 2006–09.
- Austenite Strengthening and Accumulated Stress for Optimum Microstructures in Modern Microalloyed Bainitic Steels (RFS-PR-05144), (coordinator Arcelor Research), 2006–09.
- Cold-Rolled Complex-Phase (CP) Steel Grades with Optimised Bendability, Stretch-Flangeability and Anisotropy (RFS-PR-05040), (as a subcontractor of Rautaruukki), 2006–09.
- Metallurgical Design of High Strength Austenitic Fe-C-Mn Steels with Excellent Formability (RFS-PR-04126), (CSM, CEIT, Duferco, ISQ, OY), 2005–08.
- Intense Precipitation Strengthening of Bainitic Flat and Long Products – Mechanisms, Means and Process Routes (RFS-CR-04029), (KIMAB, Ascometal, IMZ, IRSID, OCAS, SIDENOR and Rautaruukki; subcontractor OY), 2004-07.
- Ultrahigh Strength Bainitic Steels, BaS I and BaS II (Rautaruukki, Niobium Product Company), 2004–06.

- Methods of Improving the Deep Drawing Properties of Austenitic Stainless Steels (ECSC, P4367) (RWTH Aachen, KTN GmbH, AvestaPolarit, Labein, OY), 2001–04.
- Constitutive Modelling for Complex Loading in Metal Forming Processes (ECSC P4405), (Corus UK, CEIT, CSM, Mefos, TU Bergakademie Freiberg, OY), 2001–04.
- Ökad nytta och advändningar av EBSD in metal industri, Nordisk Industrifond, 2004.
- Prediction of the Mechanical Properties of Hot Rolled Strip Products by the means of Hybrid Methods (ECSC P 4119), (Rautaruukki, Non Linear Solutions, SSAB, Mefos, Aceralia, OY), 1999–2002.
- The Effect of Strain Reversal and Strain-Time Path on the Constitutive Relationships for Metal Rolling/Forming Processes, 1997–99.
- Low Nickel Austenitic Stainless Steel with Elevated Pitting Corrosion Resistance (Acerinox, CSM and Universidad Complutense de Madrid, OY), 1995–98.
- Integrated Simulation of Multipass Hot Rolling (COST 512) (Tekes; MEFOS, CSM, CEIT, OY), 1994–97.

Projektiluettelo ei sisällä muokkaustekniikan hankkeita

Kansallisia tutkimusprojekteja

- FIMECC-SHOK ohjelmat 2009–14: Light and Efficient Solutions (LIGHT), Demanding Applications (DEMAPP: Production and properties of new wear-resistant materials, New generation ferritics, FABRICS), ja Energy and Life Cycle-Efficient Metal Processes (ELEMET: Modelling of microstructure and properties of materials from casting to rolling process, Development of hot and cold rolling processes by novel process modelling methods), (Tekes, Rautaruukki, Outokumpu, Metso, Aaltoyliopisto jne.), OY:n kokonaisbudjetti n. 5 M€
- Teräsrakenteiden optimointi superteräksistä, (Rautaruukki), 2099–11
- Quantitative characterisation of complex microstructures of high strength steels, FiDiPro-projekti, (Tekes, OY), 2008–10
- Heat input of laser welding and effect on properties (Tekes, LTY, OY, Rautaruukki, Outokumpu Stainless, Metso Paper), 2008–09
- Hitsausliitoksen yli- ja alilujien vyöhykkeiden vaikutukset rakenteelliseen eheyteen ja kuormankantokykyyn (Tekes, VTT, Outokumpu, Obas, OY), 2007–09
- Ultralujan ruostumattoman putkituotteen valmistusmenetelmien teknologiaselvitys ja sovelluskartoitus (Tekes, Outokumpu Stainless, Outokumpu Stainless Tubular Products, TKK, OY), 2007–09
- Grain boundary engineering in improving the fire resistance of stainless steels (Outokumpu Foundation), 2006–08
- Ultralujat ratkaisut painokriittisiin sovelluksiin (Tekes, Rautaruukki), 2005–08
- Fatigue and wear properties of nanocrystalline surface layers on steels, (Academy of Finland), 2005–08

- Erikoislujat kuumasinkityt teräsputkipalkit tulevaisuuden teräsrakenteissa (Tekes, Rautaruukki, Suomen Kuumasinkitsijät, Boliden Kokkola, TTY, TKK, LTY, OY), 2006–08
- Kylmävalssaamalla lujitettujen austeniittisten ruostumattomien terästen tuoteräätälöinti RAP5-linjalla (Tekes, Outokumpu Stainless, OY), 2006–08
- High-velocity forming of submicron grained stainless steels (University of Texas, Tekes, LaserPlus, Sanmina-SCI, Outokumpu Stainless, OY), 2004–07
- Kehittyneet terästen valmistusmenetelmät (Tekes, Rautaruukki, Fundia Wire, Outokumpu Polarit, OY), 2003–05
- Ominaisuusmallien soveltaminen kuumavalssauksessa (Tekes, Rautaruukki), 2002-04
- Processing, microstructures and properties of ultrafine-grained steels (Academy of Finland), 2001–03
- Metallurgian kansallinen tutkijakoulu (OPM, TKK, TTKK, LTKK, OY), 1998–2013
- Mikrorakennemallien hyödyntäminen kuumavalssauksessa (Tekes, Rautaruukki, AvestaPolarit, OY), 1999–2002
- Advanced properties of copper-based alloys (Tekes, TTKK, TKK, Outokumpu Poricopper, OY), 1999-2001
- New techniques for characterisation of formability of steel Sheets (Tekes, Rautaruukki, Outokumpu Polarit, OY), 1999–2002
- Titanium in steels – Effects on hot ductility (Academy of Finland), 1997–2000
- Control of high strength steel weld metal hydrogen cracking (Tekes, VTT, Rauma Aker, Rautaruukki, Esab, OY), 1999–2002
- Reliable joining techniques of LTCC modules (Tekes, Vaisal, Nokia, Noptel, VTT Electronics, OY), 1999–2000
- Ceramics in the next generation telecommunication applications (Academy of Finland), 1998–2000

- Fysikaalisen simuloinnin käyttö perusmetalliteollisuudessa (Tekes, Rautaruukki, Outokumpu Polarit, OY), 1996–98
- Hitsattavuuden karakterisointi ja hitsauksen optimointi (Tekes, TTKK, OY), 1996–97
- Development of maraging and certain PM-processed steels (Rauma Materials Technology), 1994–96
- Termomekaanisesti valmistettavien terästen kehittäminen (Tekes, Rautaruukki, Outokumpu Polarit, Imatra Steel, OY), 1993–95
- Techniques in physical simulation of hot working (Academy of Finland), 1993–94
- Termomekaanisten käsittelyiden optimointi (Tekes, Rautaruukki, Outokumpu Polarit, Imatra Steel, OY), 1990–92
- Austeniittisten ja ferriittisten ruostumattomien terästen valmistus (jatkuva apurahatuki Outokumpu Oy:n Säätiöltä 2—3 tutkijalle), 1991–99
- Runsasseosteisten austeniittisten ja feriittisten ruostumattomien terästen hitsattavuus (Tekes, Outokumpu Polarit, Rauma, Ahlström, OY), 1989–91
- Jäännösjännitysten mittaus magneettisilla menetelmillä (Suomen Akatemia), 1985
- vs. prof. T. Moision Suomen Akatemian rahoittamia projekteja, 1977–81
- Austeniittisten ruostumattomien terästen hitsausmetallurgiset kysymykset (KTM, Huber, OY), 1974–77
- Suomen Akatemian ja Outokumpu Oy:n Säätiön rahoittamia hankkeita, 1968–74

Luettelo ei sisällä kaikkia muokkaustekniikan hankkeita

Tilastoja: valmistuneet

Tekniikan tohtorit

Hamada Atef (2007)
Karjalainen Pentti (1974)
Kujanpää Veli (1984)
Kömi Jukka (2001)
Laitinen Risto (2006)
Leinonen Jouko (1987)
Mehtonen Saara (2014)
Mielityinen Kirsti (1979)
Moisio Tapani (1975)
Nevasmaa Pekka (2003)
Nousiainen Olli (2010)
Pan Longxiu (2004)
Perttula Juha (1998)
Suikkanen Pasi (2009)
Suutala Niilo (1982)
Tian Dewei (1998)
Tiitto Seppo (1977)
Ylitalo Mikko (1996)
Zhang Hongxue (1994)

Väitellyt:
Martin David (2011)

Tekniikan lisensiaatit

Anttila Severi (2014)
Juntunen Pasi (2001)
Karjalainen Pentti (1971)
Kauppi Timo (1993)
Koskiniemi Joni (1995)
Kujanpää Veli (1982)
Kömi Jukka (1992)
Laitinen Risto (1998)
Leinonen Jouko (1983)
Liimatainen Heidi-Marja (2003)
Mielityinen Kirsti (1976)
Miettinen Tuure (1974)
Moisio Tapani (1966)
Nevasmaa Pekka (2002)
Nousiainen Olli (2004)
Oittinen Tero (1999)
Reentilä Matti (1995)
Riipinen Marja-Maija (1991)
Seppälä Juha (1994)
Soininen Raimo (1975)
Steen Petteri (1993)
Suutala Niilo (1980)
Tamminen Antero (2012)
Tiitto Seppo (1975)
Zhang Hongxue (1992)

Diplomi-insinöörit

Ahonen Touko (1971)
Aikio Hannele (1993)
Ainali Olavi (1972)
Airaksinen Kari (1995)
Ala-Antti Juhani (1975)
Alamattila Ilari (2009)
Alasaarela Pauli (1970)
Anttila Severi (2011)
Arola Tomi (1991)
Asikainen Matti (1990)
Asunmaa Juhani (1987)
Bokma Anne (2002)
Bordi Timo (2010)
Cederberg Mark (1990)
Forsgård Matti (1997)
Grekula Aale (1982)
Hagberg Juha (1986)
Hannula Jaakko (2012)
Harjukelo Ville (2013)
Hautala Hannu (1992)
Hautamäki Tapani (1983)
Heikkilä Sami (2007)
Heikkinen Eero (1973)
Heikkinen Eveliina (2004)
Heikkinen Hannu-Pekka (2008)
Helistö Markku (1979)
Hellman Kari (1982)
Hemmilä Mikko (1998)
Hiltunen Pasi (1994)
Hirvi Ari (2008)
Hirvonen Tapio (1969)
Hirvonen Tuomas (1995)
Honkajärvi Markku (1968)
Hotti Jani (2002)
Hukkanen Rauli (2014)
Huusko Juha (1982)
Huuskonen Lauri (1979)

Hylkilä Anu (2008)
Häkkilä Juha (1989)
Intonen Tero (1986)
Jaakola Juha (2001)
Johansson Mikael (2003)
Jumisko Ilkka (1984)
Juntunen Pasi (1995)
Juuso Jaakko (1991)
Juuti Timo (2008)
Jylhänniska Jari (1998)
Järvenpää Antti (2009)
Järvenpää Seppo (1987)
Jääskeläinen Jussi (2007)
Kalkela Hannu (1968)
Kallio Kauko (1972)
Kangas Pekka (1982)
Kankaala Kaarlo (1970)
Kantanen Pekka (1996)
Karjalainen Pentti (1969)
Karkkola Tapio (2001)
Kauppi Timo (1992)
Keinänen Pentti (2006)
Kela Juha (2000)
Keltamäki Kimmo (2008)
Kemppainen Jarno (2015)
Kemppainen Pekka (1979)
Keskitalo Markku (2001)
Kesti Vili (2011)
Kihlman Hannu (1983)
Kihlman Markku (1982)
Kinnula Jukka (1988)
Kinnunen Esko (2010)
Kinnunen Heikki (1995)
Kinnunen Jorma (1984)
Kisko Anna (2009)
Kivineva Esa (1989)
Kivioja Pauli (1985)
Koljonen Mikko (2005)
Korhonen Hannu (1998)

Kortelainen Olli (1990)
Koskela Aaro (1967)
Koskenniska Janne (2008)
Koskenniska Sami (2007)
Koskiniemi Joni (1993)
Koutaniemi Pentti (1972)
Kujanpää Asko (1994)
Kujanpää Veli (1978)
Kumpulainen Jani (2008)
Kurkela Matti (1980)
Kyröläinen Antero (1976)
Kälkäinen Pentti (1979)
Känsäkoski Simo (1982)
Kömi Jukka (1990)
Lahtinen Marcus (1996)
Laitinen Risto (1977)
Lakkala Ossi (1975)
Lamponen Aki (2000)
Lantto Seppo (2000)
Lappalainen Markku (1974)
Lauhikari Vesa (2014)
Lehtinen Marko (2007)
Leinonen Jouko (1976)
Leinonen Tuomo (2015)
Leiviskä Pasi (2006)
Lemmetty Yrjö (1973)
Liimatainen Heidi-Marja (1994)
Liimatainen Tommi (1992)
Lukkari Jussi (1975)
Luttinen Mari-Selina (1996)
Majava Jorma (1977)
Malinen Risto (1970)
Markkanen Antero (1976)
Mattila Tapani (1992)
Mehtonen Saara (2009)
Merenheimo Markku (1971)
Mielityinen Kirsti (1972)
Miettinen Teuvo (1971)
Miettinen Tuure (1966)
Miettunen Ilkka (2011)

Mourujärvi Juho (2013)
Murtoniemi Tapani (1988)
Myllykoski Lassi (1981)
Myllykoski Marianne (2008)
Myllyntaus Raimo (1981)
Möttönen Jouni (1985)
Nevala Annamaria (1992)
Nieminen Kai (1978)
Niskakangas Juha (2008)
Nordling Petri (1994)
Nousiainen Mauri (2004)
Nousiainen Olli (1995)
Nykänen Pirkka (1981)
Oikarinen Tapio (2010)
Oittinen Tero (1994)
Oja Olli (2010)
Oja-Heiniemi Heikki (1983)
Oksanen Heikki (1977)
Ollila Ilpo (1971)
Orava Ulla (1993)
Pahkala Arto (1989)
Palosaari Mikko (2005)
Parviainen Pekka (2000)
Pesonen Antti (1995)
Pihkakoski Mikko (1986)
Pikkarainen Teppo (2012)
Ponkala Risto (1999)
Prakkula Matti (2000)
Pykönen Jouko (1973)
Rantala Jari (2000)
Rasmus Tero (2006)
Rautiainen Jarkko (1997)
Rautiainen Pentti (1977)
Reentilä Matti (1979)
Reiman Pekka (1984)
Riipinen Marja-Maija (1982)
Rissanen Tiina (2012)
Ristola Antti-Jussi (2011)
Romppanen Jari (1991)
Rukajärvi Jorma (1986)

Ruoppa Raimo (1995)
Räsänen Timo (2008)
Saastamoinen Ari (2011)
Saastamoinen Heikki (1997)
Sallinen Johannes (1978
Salmela Heikki (1981)
Salmela Kaarlo (1975)
Salmen Jussi (2004)
Salo Jukka (1978)
Salo Timo (1998)
Salonen Markku (1977)
Saralampi Jorma (1969)
Savola Jaakko (1994)
Savolainen Heikki (1995)
Saven Tapio (1992)
Saxlund Pentti (1985)
Seppälä Antti (2012)
Sieppi Ville (2014)
Sikanen Hannu (1982)
Siniluoto Juha (2005)
Sivonen Kaisu (1999)
Soininen Raimo (1971)
Somero Kalevi (1976)
Sorsa Ilkka (1978)
Steen Petteri (1991)
Sundström Olavi (1973)
Sutinen Timo (1997)
Suutala Niilo (1974)
Taipale Erkki (1976)
Takalo Tapio (1970)
Tamminen Antero (1992)
Tarkiainen Risto (1992)
Tarkka Jarmo (2001)
Tervo Henri (2014)
Teräsniska Taimi (2008)
Tihinen Sakari (2007)
Tiitto Seppo (1972)
Tiuraniemi Reijo (1985)
Tolonen Jouko (1983)
Tolonen Jouni (1997)

Torvinen Pauli (1985)
Tuovinen Jorma (1992)
Törmälä Esa (1992)
Törmänen Harri (2005)
Ukonmaanaho Pekka (2000)
Uusikallio Sampo (2014)
Uusitalo Juha (2010)
Valanne Viki (2002)
Vanttaja Ilkka (1990)
Vapa Eero (1982)
Vilpas Martti (1981)
Vuorio Anssi (2008)
Vähäkainu Olli (1986)
Vähäkuopus Niko (2014)
Väisänen Erkki (1986)
Välikangas Jyrki (1999)
Väyrynen Jukka (1979)
Weeraratne Pekka (1992)
Westman Lauri (1969)
Wickstrand Olli (1973)
Ylimäinen Tapani (2012)
Zhao Feng (1995)

Konetekniikka, ei vahvistettua
opintosuuntaa:
Heinäkari Matti (1977)
Kauppi Tuomas (1975)
Mäntylä Pekka (1972)
Paloniemi Pertti (1970)
Rättyä Eero (1974)
Virtanen Eero (1972)

Vain diplomityö:
Lahtinen Ismo (1989)
Pölkki Pasi (1986)
Sipilä Timo (2006)

Henkilöhakemisto
(vain keskeisimmät henkilöt)

www.ingramcontent.com/pod-product-compliance
Lightning Source LLC
Chambersburg PA
CBHW052333220526
45472CB00001B/405